Stochastik

Formeln und Tabellen

Sekundarstufen I und II

Kombinatorik
Wahrscheinlichkeitstheorie
Statistik

PAETEC

Verlag für Bildungsmedien

Herausgeber: Prof. Dr. habil. Karlheinz Weber

Autoren:
Irmhild Kantel
Dr. Heidemarie v. Lojewski

1. Auflage
1 8 7 6 5 4 | 2006 2005 2004 2003 2002
Alle Drucke dieser Auflage können im Unterricht nebeneinander benutzt werden.
Die letzte Zahl bezeichnet das Jahr dieses Druckes.

Redaktion: Prof. Dr. habil Karlheinz Weber
Layout und Zeichnungen: Martina Holzinger
Druck: Druckerei zu Altenburg GmbH

ISBN 3-89517-256-1

Inhalt

MEN

Mengenbeziehungen und Mengenoperationen

Menge; Element	$\{e_1, e_2, \ldots, e_n\}$	Menge, die aus den Elementen $e_1, e_2, \ldots, e_n$ besteht.
	$\{e \mid B(e)\}$	Menge aller Elemente e, die der Bedingung $B(e)$ genügen.
	$e \in A$	e ist Element von A; $\quad e \notin A$ e ist kein Element von A.
	$\varnothing$ bzw. $\{\}$	leere Menge; die Menge enthält kein Element.
	$|A|$	Anzahl der Elemente von A

Mengen-gleichheit	Zwei Mengen A und B sind gleich, wenn sie aus denselben Elementen bestehen $(A = B)$.	G — Grundmenge	$A = A$
			Aus $A = B$ folgt $B = A$.
			Aus $A = B$ und $B = C$ folgt $A = C$.

Teilmenge	Eine Menge A ist Teilmenge einer Menge B, wenn jedes Element von A auch Element von B ist $(A \subseteq B)$. Gibt es in B mindestens ein Element, welches nicht zu A gehört, so ist A sogar echte Teilmenge von B $(A \subset B)$.		$A \subseteq A; \quad \varnothing \subseteq A$
			Aus $A \subseteq B$ und $B \subseteq A$ folgt $A = B$.
			Aus $A \subseteq B$ und $B \subseteq C$ folgt $A \subseteq C$.

Vereinigungs-menge	Die Vereinigungsmenge $A \cup B$ ist die Menge aller Elemente, die in A oder in B oder in beiden Mengen enthalten sind. $A \cup B = \{e \mid e \in A \text{ oder } e \in B\}$		$A \cup A = A; \quad A \cup \varnothing = A$
			$A \cup B = B \cup A$
			$(A \cup B) \cup C = A \cup (B \cup C)$
			Mit G als Grundmenge:
			$A \cup G = G; A \cup \varnothing = A$

Schnittmenge	Die Schnittmenge (Durchschnittsmenge) $A \cap B$ ist die Menge aller Elemente, die zu A und gleichzeitig zu B gehören. $A \cap B = \{e \mid e \in A \text{ und } e \in B\}$ $A \cap G = A; \quad A \cap \varnothing = \varnothing$		$A \cap A = A; \quad A \cap \varnothing = \varnothing$
			$A \cap B = B \cap A$
			$(A \cap B) \cap C = A \cap (B \cap C)$
			A, B heißen disjunkt (elementfremd), wenn $A \cap B = \varnothing$.

Differenzmenge	Die Differenzmenge von A und B (A minus B, A ohne B) ist die Menge aller Elemente, die zu A, aber nicht zu B gehören.		$A \setminus B = \{e \mid e \in A \text{ und } e \notin B\}$
			$A \setminus B = A \cap \overline{B}$

Komplementär-menge	Die Komplementärmenge (Komplementmenge) $\overline{A}$ von A bezüglich der Grundmenge G ist die Menge aller Elemente, die (zu G, aber) nicht zu A gehören.		$\overline{A} = G \setminus A$
			$\overline{\overline{A}} = A, \ \overline{G} = \varnothing, \ \overline{\varnothing} = G$
			Sprechweisen: $\overline{A}$ – „A quer" oder „A überstrichen"; $\overline{\overline{A}}$ – „A zweifach quer" oder „A zweifach überstrichen".

Produktmenge	Die Produktmenge $A \times B$ von A und B ist die Menge aller (geordneten) Paare, deren erste Koordinate ein Element von A und deren zweite Koordinate ein Element von B ist. $A \times B = \{(e; f) \mid e \in A \text{ und } f \in B\}$

Potenzmenge	Die Potenzmenge $p(A)$ (oder 2^A) von A ist die Menge aller Teilmengen von A. $p(A) = 2^A = \{T \mid T \subseteq A\}$	
Gesetze für das Operieren mit Mengen	Kommutativgesetze $\quad A \cup B = B \cup A$	$A \cap B = B \cap A$
	Assoziativgesetze $\quad A \cup (B \cup C) = (A \cup B) \cup C$	$A \cap (B \cap C) = (A \cap B) \cap C$
	Distributivgesetze $\quad A \cup (B \cap C) = (A \cup B) \cap (A \cup C)$	$A \cap (B \cup C) = (A \cap B) \cup (A \cap C)$
	Idempotenzgesetze $\quad A \cup A = A$	$A \cap A = A$
	Absorptionsgesetze $\quad A \cup (A \cap B) = A$	$A \cap (A \cup B) = A$
	DE MORGANsche Regeln $\quad \overline{A \cup B} = \overline{A} \cap \overline{B}$	$\overline{A \cap B} = \overline{A} \cup \overline{B}$

KOM

Kombinatorik

Fakultät	n! (sprich: „n Fakultät") ist das Produkt aller natürlichen Zahlen von 1 bis n.
	$n! = n \cdot (n-1) \cdot (n-2) \cdot \ldots \cdot 3 \cdot 2 \cdot 1;\ 0! = 1;\ (n+1)! = (n+1) \cdot n! \quad (n \in \mathbb{N}^* = \mathbb{N} \setminus \{0\})$
	STIRLINGsche Formel: $n! \approx \sqrt{2\pi n} \cdot \left(\dfrac{n}{e}\right)^n \qquad$ für große n $\quad (n \in \mathbb{N})$
	STIRLINGsche Formel mit Korrekturfaktor: $\quad n! \approx \sqrt{2\pi n} \cdot \left(\dfrac{n}{e}\right)^n \left(1 + \dfrac{1}{12n} + \dfrac{1}{288n^2}\right)$
	für große n $\quad (n \in \mathbb{N})$
Gammafunktion	Gammafunktion Γ: $\quad \Gamma(x) = \displaystyle\int_0^\infty t^{x-1} \cdot e^{-t} dt;\ x > 0$
	Verallgemeinerung des Begriffs *Fakultät*: $x! = \Gamma(x+1);\ x > -1$
	Eigenschaften: $\quad \Gamma(x+1) = x \cdot \Gamma(x);\ \Gamma(x) \cdot \Gamma(1-x) = \dfrac{\pi}{\sin \pi x} \qquad$ für $x \in \mathbb{R}$
	speziell: $\quad \Gamma(n+1) = n! \quad$ für $n \in \mathbb{N}$
	$\left(-\dfrac{1}{2}\right)! = \Gamma\left(\dfrac{1}{2}\right) = \sqrt{\pi} \qquad\qquad \left(\dfrac{1}{2}\right)! = \Gamma\left(\dfrac{3}{2}\right) = \dfrac{1}{2}\sqrt{\pi}$
Binomial-koeffizienten	$\dbinom{n}{k}$ (sprich: „n über k")
	$\dbinom{n}{k} = \dfrac{n!}{k! \cdot (n-k)!} = \dfrac{n \cdot (n-1) \cdot \ldots \cdot (k+1)}{(n-k)!} = \dfrac{n \cdot (n-1) \cdot \ldots \cdot (n-k+1)}{k!} \quad (k, n \in \mathbb{N}^*, k \leq n)$
	$\dbinom{n}{n} = 1 \qquad\qquad\qquad\qquad$ Definition: $\dbinom{n}{0} = \dbinom{0}{0} = 1$
	$\dbinom{n}{k} = \dbinom{n}{n-k} = \dfrac{n}{k} \cdot \dbinom{n-1}{k-1} = \dfrac{n}{n-k} \cdot \dbinom{n-1}{k} = \dbinom{n-1}{k-1} + \dbinom{n-1}{k}$
	$\dbinom{n}{0} + \dbinom{n}{1} + \dbinom{n}{2} + \ldots + \dbinom{n}{n-1} + \dbinom{n}{n} = 2^n$
	$\dbinom{n}{n} + \dbinom{n+1}{n} + \ldots + \dbinom{n+k}{n} = \dbinom{n+k+1}{n+1}$
	$\dbinom{n}{0}^2 + \dbinom{n}{1}^2 + \dbinom{n}{2}^2 + \ldots + \dbinom{n}{n-1}^2 + \dbinom{n}{n}^2 = \dbinom{2n}{n}$

KOM

binomischer Satz	$(a + b)^n = \binom{n}{0} a^n b^0 + \binom{n}{1} a^{n-1} b^1 + \binom{n}{2} a^{n-2} b^2 + \ldots + \binom{n}{n-1} a^1 b^{n-1} + \binom{n}{n} a^0 b^n$ $$= \sum_{k=0}^{n} \binom{n}{k} a^{n-k} b^k$$

PASCALsches Dreieck
der Binomialkoeffizienten

$(a \pm b)^0 = 1$ 1

$(a \pm b)^1 = a \pm b$ 1   1

$(a \pm b)^2 = a^2 \pm 2ab + b^2$ 1   2   1

$(a \pm b)^3 = a^3 \pm 3a^2 b + 3ab^2 \pm b^3$ 1   3   3   1

$(a \pm b)^4 = a^4 \pm 4a^3 b + 6a^2 b^2 \pm 4ab^3 + b^4$ 1   4   6   4   1

$(a \pm b)^5 = a^5 \pm 5a^4 b + 10a^3 b^2 \pm 10a^2 b^3 + 5ab^4 \pm b^5$ 1   5   10   10   5   1

Produktregel	• Die Produktmenge $A_1 \times A_2 \times \ldots \times A_k$ mit $|A_1| = n_1$, $|A_2| = n_2$, ..., $|A_k| = n_k$ besteht aus $n_1 \cdot n_2 \cdot \ldots \cdot n_k$ Elementen. • Es gibt $n_1 \cdot n_2 \cdot \ldots \cdot n_k$ verschiedene k-Tupel $(a_1; a_2; \ldots; a_k)$, wenn für die i-te Koordinate a_i genau n_i Elemente zugelassen sind ($i \in \{1; 2; \ldots; k\}$).
Permutationen	Jede **Anordnung aller n Elemente** einer Menge bezeichnet man als **Permutation** dieser Elemente.
Permutationen ohne Wiederholung	Anzahl P_n der **Permutationen** von n verschiedenen Elementen **ohne Wiederholung**: $P_n = n! = n \cdot (n-1) \cdot (n-2) \cdot \ldots \cdot 3 \cdot 2 \cdot 1$ mit $n \in \mathbb{N}^* = \mathbb{N} \setminus \{0\}$ P_n gibt die Anzahl der Möglichkeiten an, • n unterscheidbare Elemente in einer Reihe anzuordnen; • n-Tupel zu bilden, deren Koordinaten paarweise verschiedene Elemente aus einer n-elementigen Menge sind; • eine geordnete Stichprobe ohne Zurücklegen vom Umfang n aus einer Urne mit n unterscheidbaren Kugeln zu ziehen.
Permutationen mit Wiederholung	Anzahl $^w P_n$ der **Permutationen** von n verschiedenen Elementen **mit Wiederholung**: $^w P_n = \dfrac{n!}{n_1! \cdot n_2! \cdot \ldots \cdot n_k!}$ mit $n_1 + n_2 + \ldots + n_k = n$, $n_1, n_2, \ldots, n_k \in \mathbb{N}^* = \mathbb{N} \setminus \{0\}$ $^w P_n$ gibt die Anzahl der Möglichkeiten an, • n Elemente, unter denen sich genau k paarweise unterscheidbare mit den Häufigkeiten $n_1, n_2, \ldots, n_k$ befinden, der Reihe nach anzuordnen; • n-Tupel zu bilden, deren Koordinaten jeweils mit einem Element einer k-elementigen Menge so belegt sind, dass diese Elemente jeweils n_1-, n_2-, ..., n_k-mal auftreten; • eine geordnete Stichprobe mit Zurücklegen vom Umfang n aus einer Urne mit k unterscheidbaren Kugeln so zu ziehen, dass diese Kugeln jeweils mit einer Häufigkeit von $n_1, n_2, \ldots, n_k$ gezogen werden.
Variationen	Jede **Anordnung von k** Elementen (jede Auswahl von k Elementen mit Berücksichtigung ihrer Reihenfolge) **aus** einer **n**-elementigen Menge bezeichnet man als Variation (Variation von n Elementen zur k-ten Klasse).

Variationen ohne Wiederholung	Anzahl V_n^k der **Variationen** k-ter Klasse von n verschiedenen Elementen **ohne Wiederholung:** $V_n^k = \frac{n!}{(n-k)!} = n \cdot (n-1) \cdot (n-2) \cdot \ldots \cdot (n-k+1) = \binom{n}{k} \cdot k!$ mit $n, k \in \mathbb{N}^* = \mathbb{N} \setminus \{0\}; k \leq n$ V_n^k gibt die Anzahl der Möglichkeiten an, • von n unterscheidbaren Elementen jeweils genau k in einer Reihe anzuordnen; • k-Tupel zu bilden, deren Koordinaten paarweise verschieden mit einem Element einer n-elementigen Menge belegt sind; • eine geordnete Stichprobe ohne Zurücklegen vom Umfang k aus einer Urne mit n unterscheidbaren Kugeln zu ziehen. Spezialfall: $V_n^n = n! = P_n$
Variationen mit Wiederholung	Anzahl $^wV_n^k$ der **Variationen** k-ter Klasse von n verschiedenen Elementen **mit Wiederholung:** $^wV_n^k = n^k$ mit $n, k \in \mathbb{N}^* = \mathbb{N} \setminus \{0\}; k \leq n$ $^wV_n^k$ gibt die Anzahl der Möglichkeiten an, • k-mal ein Element aus einer n-elementigen Menge mit Beachtung der Reihenfolge auszuwählen, wobei diese Wahl auch mehrmals auf ein und dasselbe Element fallen kann; • k-Tupel zu bilden, deren Koordinaten – nicht notwendigerweise paarweise verschieden – nur mit Elementen einer n-elementigen Menge belegt sind; • eine geordnete Stichprobe mit Zurücklegen vom Umfang k aus einer Urne mit n unterscheidbaren Kugeln zu ziehen.
Kombinationen	Jede **Auswahl von k** Elementen (ohne Berücksichtigung ihrer Reihenfolge) **aus** einer **n**-elementigen Menge bezeichnet man als Kombination (Kombination von n Elementen zur k-ten Klasse).
Kombinationen ohne Wiederholung	Anzahl C_n^k der **Kombinationen** k-ter Klasse von n verschiedenen Elementen **ohne Wiederholung:** $C_n^k = \binom{n}{k} = \binom{n}{n-k} = \frac{n!}{k!(n-k)!} = \frac{n(n-1)(n-2)\ldots(n-k+1)}{(n-k)!}$ mit $n, k \in \mathbb{N}^* = \mathbb{N} \setminus \{0\}, k \leq n$ C_n^k gibt die Anzahl der Möglichkeiten an, • k verschiedene Elemente aus einer n-elementigen Menge ohne Beachtung der Reihenfolge auszuwählen; • k-elementige Teilmengen einer n-elementigen Menge zu bilden; • eine ungeordnete Stichprobe ohne Zurücklegen vom Umfang k aus einer Urne mit n unterscheidbaren Kugeln zu ziehen.
Kombinationen mit Wiederholung	Anzahl $^wC_n^k$ der **Kombinationen** k-ter Klasse von n verschiedenen Elementen **mit Wiederholung:** $^wC_n^k = \binom{n+k-1}{k} = \binom{n+k-1}{n-1} = \frac{(n+k-1)!}{k!(n-1)!} = \frac{(n+k-1)\cdot(n+k-2)\cdot\ldots\cdot(k+2)\cdot(k+1)}{1\cdot 2\cdot\ldots\cdot(n-2)\cdot(n-1)}$ $^wC_n^k$ gibt die Anzahl der Möglichkeiten an, • k-mal ein Element aus einer n-elementigen Menge ohne Beachtung der Reihenfolge auszuwählen, wobei diese Wahl auch mehrmals auf ein und dasselbe Element fallen kann; • eine ungeordnete Stichprobe mit Zurücklegen vom Umfang k aus einer Urne mit n unterscheidbaren Kugeln zu ziehen.

KOM

WTH

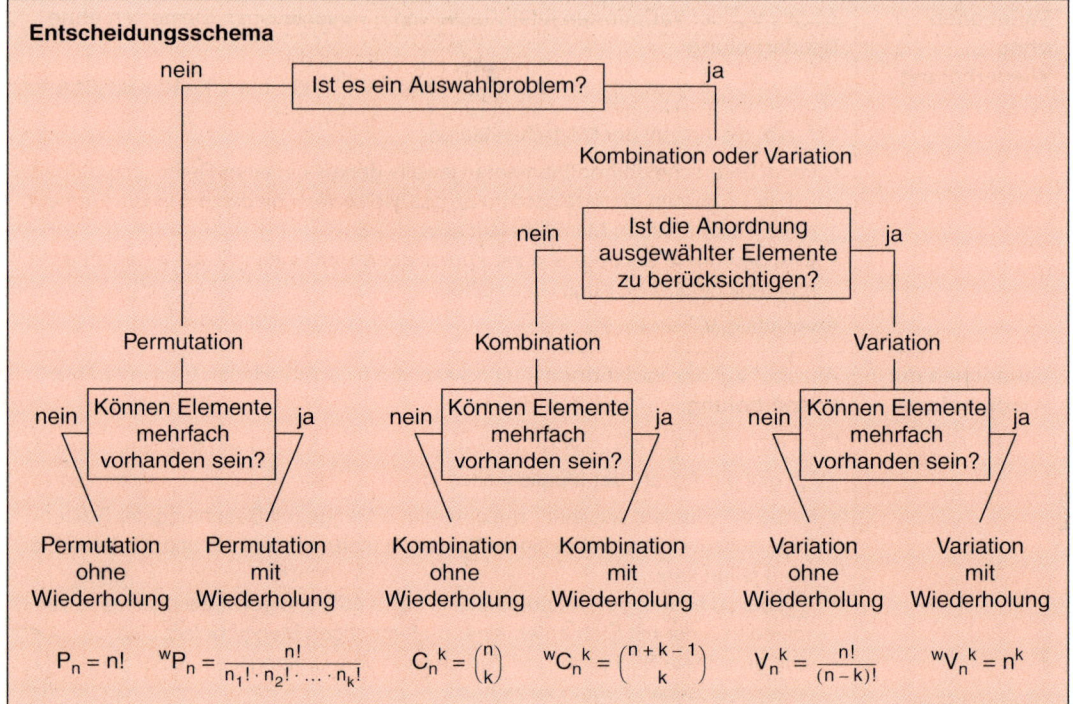

Entscheidungsschema

$$P_n = n! \qquad {}^wP_n = \frac{n!}{n_1! \cdot n_2! \cdot \ldots \cdot n_k!} \qquad C_n^{\,k} = \binom{n}{k} \qquad {}^wC_n^{\,k} = \binom{n+k-1}{k} \qquad V_n^{\,k} = \frac{n!}{(n-k)!} \qquad {}^wV_n^{\,k} = n^k$$

Wahrscheinlichkeitstheorie

Einstufige Zufallsexperimente

Zufalls-experiment (zufälliger Vorgang)	Ein **Zufallsexperiment** besitzt mindestens zwei mögliche **Ergebnisse,** von denen bei jeder Durchführung genau eines erzielt wird. Dabei ist nicht vorhersehbar, welches der möglichen Ergebnisse eintreten wird. Ein Zufallsexperiment kann unter einem bestimmten Komplex von Bedingungen (prinzipiell) beliebig oft ablaufen.
Ergebnismenge Ω (oder S)	Menge $\Omega = \{e_1;\, e_2;\, \ldots;\, e_r\}$ der r möglichen **Ergebnisse** $e_1;\, e_2;\, \ldots;\, e_r$ eines (endlichen) Zufallsexperiments
Ereignis	jede Teilmenge A von Ω Endet das Zufallsexperiment mit dem Ergebnis e_i ($i \in \{1;\, 2;\, \ldots;\, e_r\}$) und gilt $e_i \in A$, so sagt man, das **Ereignis A ist eingetreten** (A ist realisiert).
Ereignisraum 2^Ω (oder $\wp(\Omega)$)	Menge aller Teilmengen von Ω
spezielle Ereignisse	$\{e\}$ **atomares Ereignis (Elementarereignis)** – Ereignis mit genau einem Ergebnis $e \in \Omega$ $\varnothing$ bzw. $\{\,\}$ **unmögliches Ereignis** – tritt bei keiner Realisierung des Zufallsexperiments ein Ω **sicheres Ereignis** – tritt bei jeder Realisierung des Zufallsexperiments ein

Beziehungen zwischen Ereignissen; Verknüpfung von Ereignissen

Symbol	Sprechweise	Mengenbild
$\overline{A}$	Das **Gegenereignis** (komplementäre Ereignis) $\overline{A}$ (lies: A quer) tritt genau dann ein, wenn A nicht eintritt.	
$B \subseteq A$	Das Ereignis **B zieht das Ereignis A nach sich.** Das heißt: Immer wenn B eintritt, tritt auch A ein.	
$A \cap B$	Das Ereignis **A und B** (A geschnitten B) tritt genau dann ein, wenn sowohl A als auch B eintritt.	
$A \cup B$	Das Ereignis **A oder B** (A vereinigt B) tritt genau dann ein, wenn mindestens eines der Ereignisse A, B eintritt.	
$A \setminus B$	Das Ereignis **A und nicht B** (A minus B) tritt genau dann ein, wenn A eintritt und gleichzeitig B nicht eintritt.	
$\overline{A \cap B}$	**Höchstens eines** der Ereignisse A, B tritt ein, wenn entweder A oder B oder keines von beiden eintritt. Es gilt die DE MORGANsche Regel $\overline{A \cap B} = \overline{A} \cup \overline{B}$.	
$\overline{A \cup B}$	**Weder A noch B** tritt genau dann ein, wenn keins der beiden Ereignisse A, B eintritt. Es gilt die DE MORGANsche Regel $\overline{A \cup B} = \overline{A} \cap \overline{B}$.	
$(A \cap \overline{B}) \cup (\overline{A} \cap B)$	**Entweder A oder B** tritt genau dann ein, wenn genau eines der Ereignisse A, B eintritt.	
$A \cap B = \varnothing$	Die Ereignisse A und B sind **unvereinbar.** Das heißt: A und B können nicht gleichzeitig eintreten.	

Häufigkeiten; Wahrscheinlichkeiten

absolute Häufigkeit $H_n(A)$	Zahl, die angibt, wie oft bei n-maligem Realisieren eines Zufallsexperiments das Ereignis A eingetreten ist
relative Häufigkeit $h_n(A)$	Verhältnis der absoluten Häufigkeit $H_n(A)$ zur Gesamtzahl n der Realisierungen des Zufallsexperiments: $h_n(A) = \dfrac{H_n(A)}{n}$
empirisches Gesetz der großen Zahlen	Ist A ein Ereignis, das bei der Realisierung eines Zufallsexperiments beobachtet werden kann, dann stabilisieren sich die relativen Häufigkeiten $h_n(A)$ mit wachsender Realisierungsanzahl n jeweils um einen bestimmten Wert.
Wahrscheinlichkeit $P(A)$	Die Wahrscheinlichkeitsfunktion (die Wahrscheinlichkeitsverteilung, das Verteilungsgesetz) P ordnet jeder Teilmenge A der (endlichen) Ergebnismenge Ω eine reelle Zahl $P(A)$ – die Wahrscheinlichkeit von A – zu und genügt den folgenden Bedingungen (Axiomensystem der Wahrscheinlichkeitstheorie von KOLMOGOROW): Axiom 1 (Nichtnegativität): $P(A) \geq 0$ Axiom 2 (Normiertheit): $P(\Omega) = 1$ Axiom 3 (Additivität): $P(A \cup B) = P(A) + P(B)$, falls $A \cap B = \varnothing$ Eigenschaften: $P(A) = \displaystyle\sum_{e_i \in A} P(\{e_i\})$ $P(\bar{A}) = 1 - P(A)$ $P(\varnothing) = 0$ $P(A) \leq 1$ $P(A \cup B) = P(A) + P(B) - P(A \cap B)$ **Additionssatz für Wahrscheinlichkeiten** $P(A \cup B) = P(A \cap \bar{B}) + P(A \cap B) + P(\bar{A} \cap B)$
Zerlegung der Ergebnismenge	Ereignisse $A_1, A_2, \ldots, A_n$ aus 2^Ω mit den folgenden drei Eigenschaften bilden eine Zerlegung der Ergebnismenge Ω: (1) $P(A_i) > 0$ für alle $i \in \{1; 2; \ldots; n\}$, (2) $A_i \cap A_j = \varnothing$ für $i \neq j$, (3) $A_1 \cup A_2 \cup \ldots \cup A_n = \Omega$. Bilden die Ereignisse $A_1, A_2, \ldots, A_n$ eine Zerlegung von Ω, so gilt für alle $B \in 2^\Omega$: $P(B) = P(B \cap A_1) + P(B \cap A_2) + \ldots + P(B \cap A_n)$ Speziell für n = 2 gilt $P(B) = P(B \cap A) + P(B \cap \bar{A})$.
Vierfeldertafel	<table><tr><td></td><td>A</td><td>$\bar{A}$</td><td></td></tr><tr><td>B</td><td>$P(A \cap B) = p_1$</td><td>$P(\bar{A} \cap B) = p_2$</td><td>$P(B) = p_1 + p_2$</td></tr><tr><td>$\bar{B}$</td><td>$P(A \cap \bar{B}) = p_3$</td><td>$P(\bar{A} \cap \bar{B}) = p_4$</td><td>$P(\bar{B}) = p_3 + p_4$</td></tr><tr><td></td><td>$P(A) = p_1 + p_3$</td><td>$P(\bar{A}) = p_2 + p_4$</td><td></td></tr></table>
Beschreibung eines Zufallsexperiments	Zufallsexperiment mit $\Omega = \{e_1; e_2; \ldots; e_n\}$ und $p_i = P(\{e_i\})$ für $i \in \{1; 2; \ldots; n\}$ <table><tr><td>e</td><td>e_1</td><td>e_2</td><td>…</td><td>e_n</td></tr><tr><td>$P(\{e\})$</td><td>p_1</td><td>p_2</td><td>…</td><td>p_n</td></tr></table>

WTH

LAPLACE-Experiment; Gleichverteilung	Zufallsexperiment, bei dem alle atomaren Ereignisse **gleich verteilt** sind, also die gleiche Wahrscheinlichkeit $\frac{1}{|\Omega|}$ besitzen:

e	e_1	e_2	...	e_n
$P(\{e\})$	$\frac{1}{n}$	$\frac{1}{n}$	...	$\frac{1}{n}$

Für jedes $A \subseteq \Omega$ gilt $P(A) = \frac{|A|}{|\Omega|} = \frac{\text{Anzahl der für A günstigen Ergebnisse}}{\text{Anzahl aller möglichen Ergebnisse}}$.

BERNOULLI-Experiment	Zufallsexperiment, das genau zwei mögliche Ergebnisse besitzt:

e	1	0
$P(\{e\})$	p	$1-p$

$(0 < p < 1)$

1 entspricht Erfolg

0 entspricht Misserfolg

Mehrstufige Zufallsexperimente

n-stufiges Zufallsexperiment	Zusammenfassung von n (Teil-)Zufallsexperimenten zu einem einzigen Zufallsexperiment
allgemeines Zählprinzip	Ein n-stufiges Zufallsexperiment, das auf den einzelnen Stufen der Teilzufallsexperimente $k_1, k_2, \ldots, k_n$ mögliche Ergebnisse aufweist, besitzt insgesamt $k_1 \cdot k_2 \cdot \ldots \cdot k_n$ mögliche Ergebnisse.
Baumdiagramm	Möglichkeit der Beschreibung mehrstufiger Zufallsexperimente Jeder Pfad eines Baumdiagramms beschreibt ein atomares Ereignis.

$(a_1; b_1)$ $P(\{(a_1; b_1)\}) = p_1 \cdot q_1$

$(a_1; b_2)$ $P(\{(a_1; b_2)\}) = p_1 \cdot q_2$

$(a_2; b_1)$ $P(\{(a_2; b_1)\}) = p_2 \cdot r_1$

$(a_2; b_2)$ $P(\{(a_2; b_2)\}) = p_2 \cdot r_2$

$(a_3; b_1)$ $P(\{(a_3; b_1)\}) = p_3 \cdot s_1$

$(a_3; b_2)$ $P(\{(a_3; b_2)\}) = p_3 \cdot s_2$

1. Stufe   2. Stufe

$\Omega_1 = \{a_1; a_2; a_3\}$ $\Omega_2 = \{b_1; b_2\}$ $\Omega = \{(a_1; b_1); \ldots; (a_3; b_2)\}$

$|\Omega_1| = 3$ $|\Omega_2| = 2$ $|\Omega| = |\Omega_1| \cdot |\Omega_2| = 3 \cdot 2 = 6$

$p_i = P(\{a_i\})$ $q_i = P(\{b_i$ tritt ein, nachdem a_1 eingetreten ist$\})$

für $i \in \{1; 2; 3\}$ $r_i = P(\{b_i$ tritt ein, nachdem a_2 eingetreten ist$\})$

$s_i = P(\{b_i$ tritt ein, nachdem a_3 eingetreten ist$\})$

für $i \in \{1; 2\}$

1. Pfadregel (Produktregel)	Die Wahrscheinlichkeit für ein atomares Ereignis ist gleich dem Produkt der Wahrscheinlichkeiten längs des zugehörigen Pfades im Baumdiagramm (Pfadwahrscheinlichkeit).

2. Pfadregel (Summenregel)	Die Wahrscheinlichkeit für ein beliebiges Ereignis ist gleich der Summe der Pfadwahrscheinlichkeiten all seiner zugehörigen atomaren Ereignisse.
n-stufiges BERNOULLI-Experiment	zusammengesetztes Zufallsexperiment aus n gleichwertigen BERNOULLI-Experimenten (BERNOULLI-Kette), so dass $\Omega = \{(a_1; a_2; \ldots; a_n) \,|\, a_1, a_2, \ldots, a_n \in \{0; 1\}\}$ mit $P(\{(a_1; a_2; \ldots; a_n)\}) = p^{a_1 + a_2 + \ldots + a_n} \cdot (1 - p)^{n - a_1 - a_2 - \ldots - a_n}$
BERNOULLI-Formel	$P(\{\text{bei genau k der n Teilexperimente tritt Erfolg ein}\}) = \binom{n}{k} \cdot p^k \cdot (1 - p)^{n - k}$ (vgl. Binomialverteilung)

WTH

Bedingte Wahrscheinlichkeit

bedingte Wahrscheinlichkeit $P_B(A)$	Sprechweisen für $P_B(A)$ (auch $P(A\,|\,B)$): • P von A unter der Bedingung B • durch B bedingte Wahrscheinlichkeit von A $P_B(A) = P(A\,|\,B) = \dfrac{P(A \cap B)}{P(B)}$ für $P(B) > 0$
allgemeiner Produktsatz	Verallgemeinerung der 1. Pfadregel (der Produktregel) $P(A \cap B) = P(A) \cdot P_A(B) = P(B) \cdot P_B(A)$ für $P(A) > 0$, $P(B) > 0$ $P(A \cap B \cap C) = P(A) \cdot P_A(B) \cdot P_{A \cap B}(C)$ für $P(A \cap B) > 0$ 1. Stufe 2.Stufe $P(A) + P(B) + P(C) = 1$ $P_A(D) + P_A(E) = 1$ $P_B(D) + P_B(E) = 1$ $P_C(D) + P_C(E) = 1$

Satz der totalen (vollen) Wahrscheinlichkeit	Verallgemeinerung der 2. Pfadregel (der Summenregel) Bilden die Ereignisse B_1, B_2, ..., B_n eine Zerlegung von Ω, so gilt für jedes $A \in 2^\Omega$ $P(A) = P(B_1) \cdot P_{B_1}(A) + P(B_2) \cdot P_{B_2}(A) + ... + P(B_n) \cdot P_{B_n}(A)$.
BAYESsche Formel	Bilden die Ereignisse B_1, B_2, ..., B_n eine Zerlegung von Ω und ist A ein beliebiges Ereignis aus 2^Ω mit $P(A) > 0$, so gilt für jedes $i \in \{1; 2; ...; n\}$: $$P_A(B_i) = \frac{P(B_i) \cdot P_{B_i}(A)}{P(A)} = \frac{P(B_i) \cdot P_{B_i}(A)}{P(B_1) \cdot P_{B_1}(A) + ... + P(B_n) \cdot P_{B_n}(A)}$$
unabhängige Ereignisse	Zwei Ereignisse $A, B \in 2^\Omega$ mit $P(A) > 0$, $P(B) > 0$ sind genau dann **voneinander (stochastisch) unabhängig,** wenn gilt: $P_B(A) = P(A)$ bzw. $P_A(B) = P(B)$ bzw. $P(A \cap B) = P(A) \cdot P(B)$ <div align="right">(spezieller Multiplikationssatz)</div> Sind A und B voneinander unabhängig, so sind auch A und $\overline{B}$, $\overline{A}$ und B sowie $\overline{A}$ und $\overline{B}$ jeweils unabhängig voneinander.
paarweise unabhängige Ereignisse	Drei Ereignisse A, B und C heißen **paarweise voneinander unabhängig,** wenn $P(A \cap B) = P(A) \cdot P(B)$, $P(A \cap C) = P(A) \cdot P(C)$ und $P(B \cap C) = P(B) \cdot P(C)$ gilt. Drei Ereignisse A, B und C heißen **voneinander unabhängig,** wenn $P(A \cap B) = P(A) \cdot P(B)$, $P(A \cap C) = P(A) \cdot P(C)$, $P(B \cap C) = P(B) \cdot P(C)$ und $P(A \cap B \cap C) = P(A) \cdot P(B) \cdot P(C)$ gilt.

Endliche Zufallsgrößen

Zufallsgröße X	Funktion $X: \Omega \to \mathbb{R}$ X heißt **endlich,** wenn die Wertemenge W_X endlich ist; $W_X = \{x_1; x_2; ...; x_n\}$ mit $n \leq |\Omega|$. X heißt **diskret,** wenn X höchstens abzählbar unendlich viele Werte annehmen kann.

WTH

Wahrscheinlich-keit $P(X = x_i)$	$P(X = x_i) = P(\{e \mid e \in \Omega \text{ und } X(e) = x_i\})$ $X \cong \begin{pmatrix} x_1 & x_2 & \dots & x_n \\ p_1 & p_2 & \dots & p_n \end{pmatrix}$ $\quad\begin{array}{c\|c\|c\|c\|c} x & x_1 & x_2 & \dots & x_n \\ \hline P(X = x_i) & p_1 & p_2 & \dots & p_n \end{array}$ $\quad$ mit $p_i = P(X = x_i)$ für $i \in \{1; 2; \dots; n\}$ $\quad \displaystyle\sum_{i=1}^{n} P(X = x_i) = p_1 + p_2 + \dots + p_n = 1$
Verteilungs-funktion	$F(x) = P(X \leq x)$
Erwartungswert EX (auch $E(X)$, $\mu(X)$, μ_x, μ)	$EX = x_1 \cdot P(X = x_1) + x_2 \cdot P(X = x_2) + \dots + x_n \cdot P(X = x_n) = \displaystyle\sum_{i=1}^{n} x_i \cdot P(X = x_i)$ Sind X, Y beliebige endliche Zufallsgrößen, so gilt für alle $a, b \in \mathbb{R}$: $\quad E(aX + b) = a \cdot EX + b; \qquad\qquad E(X + Y) = EX + EY$ Sind X, Y außerdem voneinander stochastisch unabhängige Zufallsgrößen, so gilt: $\quad E(X \cdot Y) = EX \cdot EY$
Streuung (Varianz, Disper-sion) D^2X (auch $D^2(X)$, $V(X)$, $\text{Var } X$, σ_x^2, σ^2)	$D^2X = E(X - EX)^2 = \displaystyle\sum_{i=1}^{n} (x_i - EX)^2 \cdot P(X = x_i) = E(X^2) - (EX)^2$ Ist X eine beliebige endliche Zufallsgröße, so gilt für alle $a, b \in \mathbb{R}$: $\quad D^2(aX + b) = a^2 \cdot D^2X$ Sind X, Y voneinander stochastisch unabhängig, so gilt: $\quad D^2(X + Y) = D^2X + D^2Y$
Standard-abweichung DX (auch $\sqrt{V(X)}$, $\sigma(X)$, σ_x, σ)	$DX = \sqrt{D^2X}$
standardisierte Zufallsgröße $\dfrac{X - EX}{DX}$	Eine Zufallsgröße Y heißt standardisiert, wenn sie sowohl zentriert (d. h. $EY = 0$) als auch normiert (d. h. $D^2Y = 1$) ist. $Y = \dfrac{X - EX}{DX}$ ist die zu X gehörende standardisierte Zufallsgröße.
TSCHEBYSCHEW-sche Ungleichung	$P(\|X - EX\| \geq \alpha) \leq \dfrac{1}{\alpha^2} \cdot D^2X \qquad\qquad (\alpha > 0)$

Spezielle Verteilungen diskreter Zufallsgrößen

Gleichverteilung	*Urnenmodell*: Einer Urne mit genau n durchnummerierten (ansonsten nicht unter-scheidbaren) Kugeln wird „auf gut Glück" eine Kugel entnommen. $\quad\quad\quad X$: zufällige Nummer der herausgegriffenen Kugel X mit $W_X = \{1; 2; \dots; n\}$ $P(X = k) = \dfrac{1}{n}$ für alle $k \in W_X$; $\qquad EX = \dfrac{n+1}{2}$; $\qquad D^2X = \dfrac{n^2 - 1}{12}$

hypergeometrische Verteilung $H_{N;\,M;\,n}$	*Urnenmodell*: Einer Urne mit genau N Kugeln (M weiße, N − M rote) werden genau n Kugeln „auf gut Glück" und *ohne* Zurücklegen entnommen. X: zufällige Anzahl der herausgegriffenen weißen Kugeln X mit $W_X = \{m \mid m \in \mathbb{N}$ und $\max\{0; n + M − N\} \le m \le \min\{n; M\}\}$ für N, M, n $\in \mathbb{N}$; $0 \le M \le N$; $0 \le n \le N$ $H_{N;\,M;\,n}(\{m\}) = P(X = m) = \dfrac{\binom{M}{m} \cdot \binom{N-M}{n-m}}{\binom{N}{n}}$ für alle $m \in W_X$ $EX = n \cdot \dfrac{M}{N};\qquad D^2X = \dfrac{Mn(N-M)(N-n)}{N^2(N-1)} = n \cdot \dfrac{M}{N} \cdot (1 - \dfrac{M}{N}) \cdot \dfrac{N-n}{N-1}$ **Approximation durch Binomialverteilung:** $\displaystyle \lim_{\substack{N \to \infty \\ \frac{M}{N} \to p\,=\,\text{const.}}} H_{N;\,M;\,n}(\{m\}) = \lim_{\substack{N \to \infty \\ \frac{M}{N} \to p\,=\,\text{const.}}} P(X = m) = B_{n;\,p}(\{m\})$ $P(X = m) = H_{N;\,M;\,n}(\{m\}) \approx B_{n;\,p}(\{m\})$ für $0,1 < \dfrac{M}{N} = p < 0,9$; $n > 10$; $\dfrac{n}{N} < 0,05$
Binomialverteilung $B_{n;\,p}$	*Urnenmodell*: Einer Urne mit genau N Kugeln (M weiße, N − M rote) werden nacheinander genau n Kugeln „auf gut Glück" und *mit* Zurücklegen entnommen. X: zufällige Anzahl der herausgegriffenen weißen Kugeln X mit $W_X = \{0; 1; 2; \dots; n\}$ $B_{n;\,p}(\{k\}) = P(X = k) = \binom{n}{k} \cdot p^k (1 - p)^{n-k}$ für alle $k \in W_X$ Statt $B_{n;\,p}(\{k\})$ wird auch $b(n; p; k)$ geschrieben. $B_{n;\,p}(\{k\}) = B_{n;\,1-p}(\{n-k\});\qquad B_{n;\,p}(\{0; 1; \dots; k\}) = P(X \le k) = \displaystyle\sum_{i=0}^{k} B_{n;\,p}(\{i\})$ Statt $B_{n;\,p}(\{0; 1; \dots; k\})$ wird auch $B(n; p; k)$ geschrieben.
Rechenregeln für $B_{n;\,p}$	$B_{n;\,p}(\{0; 1; \dots; k\}) = 1 - B_{n;\,1-p}(\{0; 1; \dots; n-k-1\})$ $B_{n;\,p}(\{k\}) = B_{n;\,p}(\{0; 1; \dots; k\}) - B_{n;\,p}(\{0; 1; \dots; k-1\})$ $P(X \ge k) = 1 - B_{n;\,p}(\{0; 1; \dots; k-1\})$ $P(i \le X \le k) = B_{n;\,p}(\{0; 1; \dots; k\}) - B_{n;\,p}(\{0; 1; \dots; i-1\})$ $EX = n \cdot p \qquad\qquad D^2X = n \cdot p \cdot (1-p)$
Approximation der Binomialverteilung	**Approximation durch Normalverteilung (Grenzwertsatz von DE MOIVRE-LAPLACE)** lokale Näherung $\quad B_{n;\,p}(\{k\}) = P(X = k) \approx \dfrac{1}{\sigma} \cdot \varphi(\dfrac{k-\mu}{\sigma})$ $\qquad\qquad$ mit $\mu = EX = n \cdot p$; $\sigma = DX = \sqrt{n \cdot p \cdot (1-p)}$ für $n \cdot p \cdot (1-p) > 9$ globale Näherung $\quad B_{n;\,p}(\{0; 1; \dots; k\}) = P(X \le k) \approx \Phi(\dfrac{k+0,5-\mu}{\sigma})$ $\qquad\qquad$ mit $\mu = EX = n \cdot p$; $\sigma = DX = \sqrt{n \cdot p \cdot (1-p)}$ für $n \cdot p \cdot (1-p) > 9$ **Approximation durch POISSON-Verteilung P_λ (Grenzwertsatz von POISSON)** $\displaystyle \lim_{\substack{n \to \infty \\ p \to 0 \\ n \cdot p \to \lambda}} B_{n;\,p}(\{k\}) = P_\lambda(\{k\}) = \dfrac{\lambda^k}{k!} e^{-\lambda};\quad B_{n;\,p}(\{k\}) \approx \dfrac{\lambda^k}{k!} e^{-\lambda}$ für $p \le 0,05$; $n \ge 50$ $\qquad\qquad\qquad\qquad\qquad\qquad$ mit $e = 2,718281\dots$

WTH

POISSON-Verteilung P_λ	Eine diskrete Zufallsgröße X heißt POISSON-verteilt mit dem Parameter λ ($\lambda > 0$), wenn $P(X = k) = \frac{\lambda^k}{k!}\, e^{-\lambda}$ für k = 0, 1, 2, … und e = 2,718281… gilt. $EX = D^2X = \lambda$
geometrische Verteilung	*Urnenmodell*: Einer Urne mit genau N Kugeln (M weiße, N − M rote) wird so lange jeweils eine Kugel „auf gut Glück" und mit Zurücklegen entnommen, bis man erstmalig eine weiße Kugel erhält. X: zufällige Anzahl der für die erste weiße Kugel notwendigen Ziehungen X mit $W_X = \{1;\ 2;\ 3;\ …\}$, womit X eine diskrete und nicht endliche Zufallsgröße ist. $P(X = k) = (1 - p)^{k-1} \cdot p$ $EX = \frac{1}{p}$ $D^2X = \frac{1-p}{p^2}$

Stetige Zufallsgrößen

stetige Zufallsgröße	Eine Zufallsgröße X heißt **stetig,** wenn es eine integrierbare nichtnegative Funktion f gibt, so dass für alle $x \in \mathbb{R}$ die Verteilungsfunktion F von X der Gleichung $F(x) = \displaystyle\int_{-\infty}^{x} f(t)\, dt$ genügt. Es gilt stets $P(X = x) = 0$ für alle $x \in \mathbb{R}$. f: Dichtefunktion oder **Dichte** der Zufallsgröße X
Erwartungswert; Streuung	Erwartungswert $EX = \displaystyle\int_{-\infty}^{\infty} x \cdot f(x)\, dx$ Streuung $D^2X = \displaystyle\int_{-\infty}^{\infty} (x - EX)^2 \cdot f(x)\, dx$
Gleichverteilung auf [a; b]	$f(x) = \begin{cases} \dfrac{1}{b-a} & \text{für } a \le x \le b \\[2mm] 0 & \text{sonst} \end{cases}$ $F(x) = \begin{cases} 0 & \text{für } x \le a \\[2mm] \dfrac{1}{b-a}\, x - \dfrac{a}{b-a} & \text{für } a \le x \le b \\[2mm] 1 & \text{für } x \ge b \end{cases}$ $EX = \dfrac{a+b}{2}$ $D^2X = \dfrac{1}{12}(b-a)^2$
Dreiecksverteilung auf [a; b]	Sind X und Y zwei voneinander unabhängige, auf $\left[\frac{a}{2}; \frac{b}{2}\right]$ gleichverteilte Zufallsgrößen, so ist X + Y eine auf [a; b] dreiecksverteilte Zufallsgröße. $F(x) = \begin{cases} \dfrac{4}{(b-a)^2}\, x - \dfrac{4a}{(b-a)^2} & \text{für } a \le x \le \frac{a+b}{2} \\[3mm] -\dfrac{4}{(b-a)^2}\, x + \dfrac{4b}{(b-a)^2} & \text{für } \frac{a+b}{2} \le x \le b \\[3mm] 0 & \text{sonst} \end{cases}$ $EX = \dfrac{a+b}{2}$ $D^2X = \dfrac{1}{24}(b-a)^2$

geometrische Wahrscheinlichkeit P(E)	Ist die Ergebnismenge Ω ein endliches ebenes Flächenstück mit dem Flächeninhalt A_Ω und E eine Teilfläche von Ω mit dem Flächeninhalt A_E, so wird $P(E) = \dfrac{A_E}{A_\Omega}$ als geometrische Wahrscheinlichkeit von E bezeichnet.

<table>
<tr>
<td>standardisierte Normalverteilung N(0; 1)</td>
<td>

Dichte φ: $\qquad \varphi(x) = \dfrac{1}{\sqrt{2\pi}} \; e^{-\frac{1}{2}x^2}$

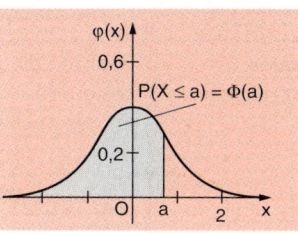

Verteilungsfunktion Φ: $\Phi(x) = \displaystyle\int_{-\infty}^{x} \varphi(t)\,dt$

$\Phi(-x) = 1 - \Phi(x); \qquad \Phi(x) - \Phi(-x) = 2\Phi(x) - 1$

$EX = 0 \qquad\qquad D^2X = 1$

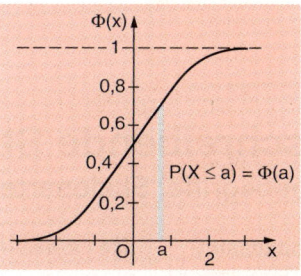

</td>
</tr>
</table>

<table>
<tr>
<td>Normalverteilung N(μ; σ^2)</td>
<td>

Dichte f: $\; f(x) = \dfrac{1}{\sqrt{2\pi\sigma^2}} \; e^{-\frac{1}{2}\left(\frac{x-\mu}{\sigma}\right)^2}$

Verteilungsfunktion F: $\; F(x) = \displaystyle\int_{-\infty}^{x} f(t)\,dt$

$EX = \mu \qquad D^2X = \sigma^2$

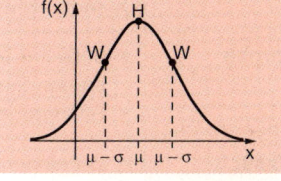

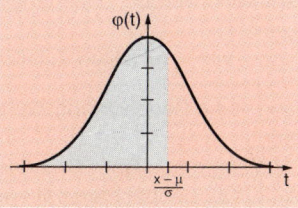

$P(X \le x) = F(x) = \Phi\left(\dfrac{x-\mu}{\sigma}\right)$

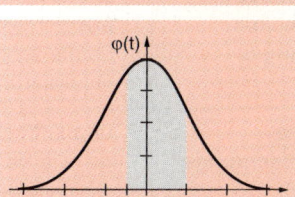

$P(x_1 \le X \le x_2) = \Phi\left(\dfrac{x_2-\mu}{\sigma}\right) - \Phi\left(\dfrac{x_1-\mu}{\sigma}\right)$

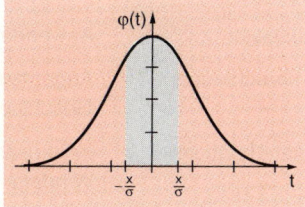

$P(|X-\mu| \le x) = 2\Phi\left(\dfrac{x}{\sigma}\right) - 1$

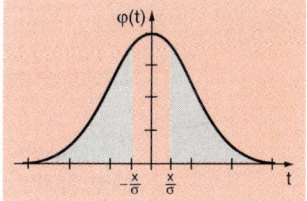

$P(|X-\mu| > x) = 2 \cdot \left(1 - \Phi\left(\dfrac{x}{\sigma}\right)\right)$

$X_1 \sim N(\mu_1; \sigma_1^2)$ und $X_2 \sim N(\mu_2; \sigma_2^2)$ und X_1, X_2 unabhängig
$\Rightarrow a_0 + a_1 X_1 + a_2 X_2 \sim N(a_0 + a_1\mu_1 + a_2\mu_2;\; a_1^2\sigma_1^2 + a_2^2\sigma_2^2)$

</td>
</tr>
</table>

3σ-Regel	$P(\mu - \sigma x \leq X \leq \mu + \sigma x) = 2\Phi(x) - 1$
	$\quad P(\mu - 1\sigma \leq X \leq \mu + 1\sigma) \approx 0{,}68$
	$\quad P(\mu - 2\sigma \leq X \leq \mu + 2\sigma) \approx 0{,}95$
	$\quad P(\mu - 3\sigma \leq X \leq \mu + 3\sigma) \approx 0{,}99$
zentraler Grenzwertsatz	Besitzen die voneinander unabhängigen (nicht notwendig normalverteilten) Zufallsgrößen X_i für $i \in \{1; 2; \ldots; n\}$ jeweils sowohl einen endlichen Erwartungswert EX_i als auch eine endliche Streuung D^2X_i, so gilt für $a < b$ $$\lim_{n \to \infty} P\left(a \leq \frac{\sum_{i=1}^{n} X_i - \sum_{i=1}^{n} EX_i}{\sqrt{\sum_{i=1}^{n} D^2X_i}} < b\right) = \int_a^b \varphi(x)\, dx, \quad \text{d. h. } P\left(\sum_{i=1}^{n} X_i \leq x\right) \approx \Phi\left(\frac{x - \sum_{i=1}^{n} EX_i}{\sqrt{\sum_{i=1}^{n} D^2X_i}}\right)$$ für großes n ($n > 50$).

ST1

Beschreibende Statistik

Grundbegriffe; Skalenarten

Grundgesamtheit (Population)	alle Objekte (Merkmalsträger), die ein gemeinsames Merkmal X (oder eine gemeinsame Merkmalskombination) aufweisen
	X kann als Zufallsgröße aufgefasst werden.
Stichprobe	• endliche Teilmenge der Grundgesamtheit, die die für die Untersuchung bedeutsamen Eigenschaften der Grundgesamtheit möglichst genau abbilden soll • Stichprobe vom Umfang n – Stichprobe enthält n Elemente
Zufallsstichprobe vom Umfang n	• Jedes der n Elemente der Stichprobe kann mit der gleichen Wahrscheinlichkeit aus der Grundgesamtheit ausgewählt werden, unabhängig davon, welche Elemente schon zur Stichprobe gehören. • Realisierung von n unabhängigen, wie X verteilten Zufallsgrößen $X_1; X_2; \ldots; X_n$
Urliste (Beobachtungsreihe)	• ungeordnete Zusammenstellung von n Beobachtungswerten (in der Reihenfolge, wie sie beobachtet wurden) • die bei einer Stichprobe vom Umfang n aus einer Grundgesamtheit mit den Merkmalsausprägungen $a_1; a_2; \ldots; a_m$ beobachteten Werte $x_1; x_2; \ldots; x_n$
Skala	die einer Größe zu Messzwecken unterlegte Maßeinteilung mit Hilfe eines geeigneten Maßstabes

Skalenarten		mögliche Aussage	Anwendungen
	Nominalskala	Gleichheit, Verschiedenheit	Augenfarbe, Telefonnummer, Geschlecht
	Ordinalskala (Rangskala)	größer-kleiner-Relationen	militärischer Rang, Windstärke
	Intervallskala	Gleichheit von Differenzen	Temperatur (in °C), Kalenderzeit, Intelligenzquotient
	Verhältnisskala	Gleichheit von Verhältnissen	Länge, Zeit, Temperatur (in K), Gewicht

Merkmalsarten		qualitatives Merkmal	quantitatives Merkmal
	Skala	Nominalskala, Ordinalskala	Intervallskala, Verhältnisskala
	technischer Vorgang bei der Datenerfassung	Vergleichen	Zählen (**diskretes** Merkmal), Messen (**stetiges** Merkmal)
		Ein Merkmal heißt **stetig,** wenn ein Merkmalswert innerhalb eines bestimmten Intervalls jeden Wert annehmen kann (z. B. Gewicht, Länge).	

Tabellarische Darstellung der Daten

primäre Verteilungstabelle (Häufigkeitstabelle, Häufigkeitsverteilung)	Gegegeben ist eine Urliste $x_1; x_2; \ldots; x_n$, wobei m verschiedene Merkmalsausprägungen $a_1; a_2; \ldots; a_m$ vorliegen. Eine primäre Verteilungstabelle zeigt dann, wie sich die Häufigkeiten auf die einzelnen Merkmalsausprägungen verteilen:

ST1

Merkmalsausprägung	absolute Häufigkeit	relative Häufigkeit	aufsummierte (kumulierte) absolute Häufigkeit	aufsummierte (kumulierte) relative Häufigkeit
a_1	$H_n(\{a_1\})$	$h_n(\{a_1\})$	$H_n(\{a_1\})$	$h_n(\{a_1\})$
a_2	$H_n(\{a_2\})$	$h_n(\{a_2\})$	$H_n(\{a_1\}) + H_n(\{a_2\})$	$h_n(\{a_1\}) + h_n(\{a_2\})$
a_3	$H_n(\{a_3\})$	$h_n(\{a_3\})$	$H_n(\{a_1\}) + H_n(\{a_2\}) + H_n(\{a_3\})$	$h_n(\{a_1\}) + h_n(\{a_2\}) + h_n(\{a_3\})$
$\vdots$	$\vdots$	$\vdots$	$\vdots$	$\vdots$
a_m	$H_n(\{a_m\})$	$h_n(\{a_m\})$	n	1

Klasseneinteilung	• bei Auftreten vieler Merkmalsausprägungen sinnvolle Zusammenfassung (Verdichtung) einzelner Ausprägungen zu Merkmalsklassen, wodurch die Darstellung übersichtlicher wird, aber auch mit vertretbarem Informationsverlust verbunden ist
	 • Faustregeln für die Anzahl k der Klassen bei n Beobachtungswerten:
	   – Man bildet i. Allg. nicht weniger als 6, nicht mehr als 20 Klassen.
	   – $k \approx \sqrt{n}$
	   – $k \approx 1 + 3{,}32 \lg n$

sekundäre Verteilungstabelle	• bietet mehr Übersicht, die aber mit Verlust an Information verbunden ist • Klassen $K_1; K_2 \ldots; K_k$, die paarweise disjunkt sind, mit $K_1 \cup K_2 \cup \ldots \cup K_k = \{a_1; a_2; \ldots; a_m\}$

Klasse	absolute Häufigkeit	relative Häufigkeit	aufsummierte (kumulierte) absolute Häufigkeit	aufsummierte (kumulierte) relative Häufigkeit
K_1	$H_n(\{K_1\})$	$h_n(\{K_1\})$	$H_n(\{K_1\})$	$h_n(\{K_1\})$
K_2	$H_n(\{K_2\})$	$h_n(\{K_2\})$	$H_n(\{K_1\}) + H_n(\{K_2\})$	$h_n(\{K_1\}) + h_n(\{K_2\})$
K_3	$H_n(\{K_3\})$	$h_n(\{K_3\})$	$H_n(\{K_1\}) + H_n(\{K_2\}) + H_n(\{K_3\})$	$h_n(\{K_1\}) + h_n(\{K_2\}) + h_n(\{K_3\})$
$\vdots$	$\vdots$	$\vdots$	$\vdots$	$\vdots$
K_k	$H_n(\{K_k\})$	$h_n(\{K_k\})$	n	1

Grafische Darstellung von Daten

Stabdiagramm (Balkendiagramm):

- grafische Darstellung der Häufigkeitsverteilung bei qualitativen und diskreten quantitativen Merkmalen

Die Stäbe (Balken) können vertikal oder horizontal abgetragen werden. Auf einer Achse des Koordinatensystems wird das Merkmal abgetragen, auf der anderen Achse die Häufigkeit (absolute, relative). Die *Stablänge (Balkenlänge)* gibt die Häufigkeit der Merkmalsausprägung an.

Häufig verwendet man zur optischen Verbesserung Rechtecke gleicher Breite als Stäbe.

Stabdiagramme, bei denen sich die Stäbe in horizontaler Lage befinden, nennt man auch *Balkendiagramme*.

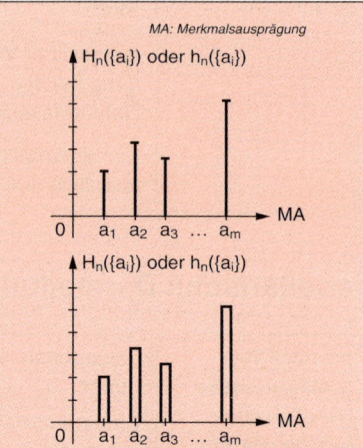

Kreisdiagramm:

- grafische Darstellung der Häufigkeitsverteilung bei qualitativen und diskreten quantitativen Merkmalen

Der Flächeninhalt des Kreissektors entspricht der (absoluten oder relativen) Häufigkeit der Merkmalsausprägung.

Winkel (in °): $\alpha_i = 360° \cdot h_n(\{a_i\})$ mit $i = 1; 2; \ldots; m$, wobei $a_1; a_2; \ldots; a_m$ die Merkmalsausprägungen sind.

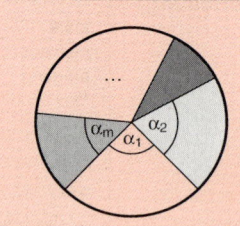

Blockdiagramm (Streifendiagramm):

- grafische Darstellung der Häufigkeitsverteilung bei qualitativen und diskreten quantitativen Merkmalen

Der Flächeninhalt eines Teilrechtecks entspricht der (absoluten oder relativen) Häufigkeit der Merkmalsausprägung.

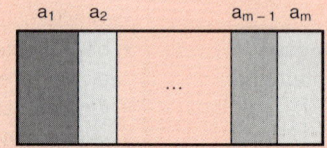

Piktogramm:

- grafische Darstellung der Häufigkeitsverteilung bei qualitativen und diskreten quantitativen Merkmalen

Der Flächeninhalt der Figur entspricht der (absoluten oder relativen) Häufigkeit der Merkmalsausprägung.

Das Verhältnis der Häufigkeiten zueinander wird durch entsprechende Abbildungen der Merkmalsträger verdeutlicht.

Histogramm:

- grafische Darstellung der Häufigkeitsverteilung bei stetigen quantitativen Merkmalen

Der Flächeninhalt eines Rechtecks (nicht die Höhe!) entspricht der (absoluten oder relativen) Häufigkeit der Merkmalsklasse.

Die Rechtecke liegen unmittelbar nebeneinander.

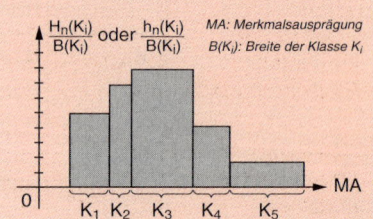

ST1

Polygonzug:

- grafische Darstellung der Häufigkeitsverteilung bei stetigen quantitativen Merkmalen

Die Mittelpunkte der Rechteckseiten des Histogramms werden durch Strecken verbunden.

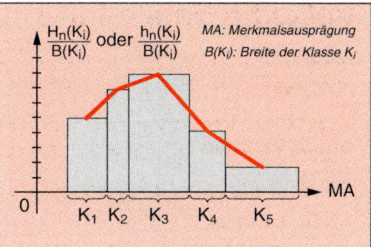

Statistische Kenngrößen der Lage/Lageparameter

$x_1; x_2; …; x_n$ – **Urliste vom Umfang n**

arithmetisches Mittel $\overline{x}_n$	$\overline{x}_n = \dfrac{x_1 + x_2 + … + x_n}{n} = \dfrac{1}{n}\sum\limits_{i=1}^{n} x_i$ Bei Klasseneinteilung in die Klassen $K_1; K_2; …; K_k$: $\overline{x}_n = \dfrac{m_1 \cdot H_n(K_1) + m_2 \cdot H_n(K_2) + … + m_k \cdot H_n(K_k)}{n} = \dfrac{1}{n}\sum\limits_{j=1}^{k} m_j \cdot H_n(K_j)$ (k – Anzahl der Klassen; m_j – Klassenmitte der j-ten Klasse; $H_n(K_j)$ – absolute Häufigkeit der j-ten Klasse) Das arithmetische Mittel ist in den meisten Fällen zu bevorzugen. Es sollte *nicht* verwendet werden, wenn – die Häufigkeitsverteilung mehrgipflig ist, – die Daten höchstens ordinalskaliert sind, – n sehr klein ist, – die Häufigkeitsverteilung ausgesprochen asymmetrisch ist.
empirischer Median $\tilde{x}_n$ (oder auch Zentralwert z)	Man ordnet die n Werte der Urliste ihrer Größe nach und erhält $x_{(1)}, x_{(2)}, …, x_{(n)}$. • n ungerade: $\tilde{x}_n$ ist der in der Mitte der geordneten Urliste liegende Wert: $\tilde{x}_n = x_{\left(\frac{n+1}{2}\right)}$ • n gerade: $\tilde{x}_n$ ist gleich dem arithmetischen Mittel der beiden in der Mitte liegenden Werte der geordneten Urliste: $\tilde{x}_n = \dfrac{x_{\left(\frac{n}{2}\right)} + x_{\left(\frac{n}{2}+1\right)}}{2}$ Der Median wird verwendet bei – sehr kleinem n, – ordinalskalierten Daten, – stark asymmetrischer Häufigkeitsverteilung.
empirischer Modalwert (Dichtemittel) D_n	D_n ist der in der Urliste am häufigsten vorkommende Wert. D_n ist nicht eindeutig bestimmt. Es können mehrere Modalwerte vorliegen. Der Modalwert wird verwendet, um mehrgipflige Häufigkeitsverteilungen zu kennzeichnen.
geometrisches Mittel $\dot{x}$	$\dot{x}_n = \sqrt[n]{x_1 \cdot x_2 \cdot … \cdot x_n}$, falls $x_i > 0$ für $i = 1, 2, …, n$ Das geometrische Mittel wird meist mit Logarithmen berechnet: $\ln \dot{x}_n = \dfrac{1}{n}\sum\limits_{i=1}^{n} \ln x_i$

ST1

harmonisches Mittel HM$_n$	$$HM_n = \dfrac{n}{\dfrac{1}{x_1} + \dfrac{1}{x_2} + \dots + \dfrac{1}{x_n}} = \dfrac{n}{\displaystyle\sum_{i=1}^{n}\dfrac{1}{x_i}}, \quad \text{falls } x_i > 0 \text{ für } i = 1, 2, \dots, n$$
quadratisches Mittel QM$_n$	$$QM_n = \sqrt{\dfrac{x_1^2 + x_2^2 + \dots + x_n^2}{n}} = \sqrt{\dfrac{\displaystyle\sum_{i=1}^{n} x_i^2}{n}}, \quad \text{falls } x_i > 0 \text{ für } i = 1, 2, \dots, n$$

Statistische Kenngrößen der Streuung/ Streuungsparameter (Streuungsmaße, Variabilitätsmaße)

$x_1; x_2; \dots; x_n$ – **Urliste vom Umfang n**

ST1

Spannweite (Variationsbreite, -weite, Range) R$_n$	$R_n = x_{max} - x_{min}$ (Differenz zwischen größtem und kleinstem Wert der Urliste) Die Spannweite hängt nur von den extremen Werten der Urliste ab. Sie ist wenig stabil gegenüber den Zufallseinflüssen einer Stichprobe und findet hauptsächlich bei sehr kleinen n Anwendung.
empirische Streuung (Varianz) s$_{n-1}^2$	$$s_{n-1}^2 = \dfrac{(x_1 - \overline{x_n})^2 + (x_2 - \overline{x_n})^2 + \dots + (x_n - \overline{x_n})^2}{n-1} = \dfrac{1}{n-1}\sum_{i=1}^{n}(x_i - \overline{x_n})^2$$ Bei Klasseneinteilung: $$s_{n-1}^2 = \dfrac{(m_1 - \overline{x_n})^2 \cdot H_n(K_1) + (m_2 - \overline{x_n})^2 \cdot H_n(K_2) + \dots + (m_k - \overline{x_n})^2 \cdot H_n(K_k)}{n-1}$$ $$= \dfrac{1}{n-1}\sum_{j=1}^{k}(m_j - \overline{x_n})^2 \cdot H_n(K_j)$$ (k – Anzahl der Klassen; m_j – Klassenmitte der j-ten Klasse; $H_n(K_j)$ – absolute Häufigkeit der j-ten Klasse; $\overline{x_n}$ – arithmetisches Mittel von $x_1; x_2; \dots; x_n$)
empirische Streuung (Varianz) s$_n^{*2}$	Die Grundgesamtheit umfasst nur n Elemente, welche alle gegeben sind. $$s_n^{*2} = \dfrac{(x_1 - \overline{x_n})^2 + (x_2 - \overline{x_n})^2 + \dots + (x_n - \overline{x_n})^2}{n} = \dfrac{1}{n}\sum_{i=1}^{n}(x_i - \overline{x_n})^2$$
empirische Standard-abweichung s$_{n-1}$	$$s_{n-1} = \sqrt{s_{n-1}^2} = \sqrt{\dfrac{1}{n-1}\sum_{i=1}^{n}(x_i - \overline{x_n})^2}$$ Die empirische Streuung und die empirische Standardabweichung hängen von allen Werten der Urliste ab. Sie sind für die Prüfstatistik gut geeignet.
Boxplot-darstellung für quantitative Merkmale	Nach Ordnen der Urliste werden der kleinste Wert x_{min}, der größte Wert x_{max}, der Median $\tilde{x}_n$ sowie das 1. Quartil und das 3. Quartil bestimmt. 1. Quartil: Wert, vor dem mindestens 25% und nach dem höchstens 75% der Werte der Urliste liegen. 3. Quartil: Wert, vor dem mindestens 75% und nach dem höchstens 25% der Werte der Urliste liegen. Der Median entspricht dem 2. Quartil.

Statistische Kenngrößen des Zusammenhangs zweier Merkmale (Korrelationskoeffizient, Regressionsgerade)

Korrelations-koeffizient	An n Objekten (Merkmalsträgern) werden gleichzeitig zwei verschiedene Merkmale X und Y untersucht. Die Enge (der Grad) des Zusammenhangs zwischen diesen Merkmalen, für die als Urliste n Paare $(x_1; y_1)$; $(x_2; y_2)$; …; $(x_n; y_n)$ vorliegen, wird durch einen **Korrelationskoeffizienten** beschrieben.
SPEARMANscher Rangkorrelationskoeffizient r_s	Voraussetzung: Beide Merkmale besitzen eine Ordinalskala (Rangskala). $d_i = x_i - y_i$; $i = 1; 2; …; n$ – Differenzen der Rangzahlen der beiden Merkmale $$r_s = 1 - \frac{6\sum_{i=1}^{n} d_i^2}{n(n^2 - 1)}$$
PEARSONscher Maßkorrelationskoeffizient r	Voraussetzung: Beide Merkmale besitzen eine Intervall- oder Verhältnisskala. $$r = \frac{\sum_{i=1}^{n}(x_i - \overline{x_n})(y_i - \overline{y_n})}{\sqrt{\sum_{i=1}^{n}(x_i - \overline{x_n})^2 \cdot \sum_{i=1}^{n}(y_i - \overline{y_n})^2}} \quad \text{mit } \overline{x_n} = \frac{1}{n}\sum_{i=1}^{n} x_i, \ \overline{y_n} = \frac{1}{n}\sum_{i=1}^{n} y_i$$
Enge (Grad) des Zusammenhangs	Wertebereiche für die Koeffizienten r_s und r: $-1 \leq r_s \leq 1$; $-1 \leq r \leq 1$ -1: stärkster entgegengesetzter (linearer) Zusammenhang 0: keine Korrelation 1: stärkster gleichgerichteter (linearer) Zusammenhang Nichtlineare Zusammenhänge werden durch diese Korrelationskoeffizienten nicht erfasst.
Regressionsanalyse	• An n Objekten (Merkmalsträgern) werden gleichzeitig zwei verschiedene Merkmale X und Y untersucht. Als Urliste liegen n Paare $(x_1; y_1)$, …, $(x_n; y_n)$ vor. • Regressionsanalyse bestimmt die Art des Zusammenhangs zwischen den Merkmalen. • Bei der linearen Regression wird diejenige Gerade (Regressionsgerade) gesucht, die den Gesamttrend aller als Punkte im Koordinatensystem dargestellten Merkmalspaare $(x_1; y_1)$, …, $(x_n; y_n)$ am besten wiedergibt (GAUSSsche Methode der kleinsten Quadrate).
Regressionsgerade	$$y = mx + n \quad \text{mit} \quad m = \frac{\sum_{i=1}^{n}(x_i - \overline{x_n})(y_i - \overline{y_n})}{\sum_{i=1}^{n}(x_i - \overline{x_n})^2} \quad \text{und} \quad n = \overline{y_n} - m \cdot \overline{x_n}$$ $$\text{oder} \quad y = \frac{r \cdot \sqrt{\frac{1}{n-1}\sum_{i=1}^{n}(y_i - \overline{y_n})^2}}{\sqrt{\frac{1}{n-1}\sum_{i=1}^{n}(x_i - \overline{x_n})^2}} \cdot (x - \overline{x_n}) + \overline{y_n};$$ r – PEARSONscher Maßkorrelationskoeffizient; $\overline{x_n}$, $\overline{y_n}$ – arithmetische Mittel

ST1

Beurteilende Statistik

Testen von Hypothesen

statistische Hypothesenprüfung	bezieht sich auf Hypothesen, die für eine Grundgesamtheit gültig sein sollen, der die untersuchte Stichprobe entnommen ist
Nullhypothese H_0	konkurrierende Hypothese zu der eigentlich zu überprüfenden Arbeitshypothese H_1 (z. B. H_0: $p = p_0$ und H_1: $p = p_1$ oder H_0: $p \geq p_0$ und H_1: $p < p_0$). Die Nullhypothese H_0 stellt in der klassischen Prüfstatistik die Basis dar, von der aus entschieden wird, ob die *Alternativ-* oder *Gegenhypothese H_1* akzeptiert werden kann oder nicht.
statistischer Test	Methode zur Überprüfung der Nullhypothese H_0
Fehler 1. und 2. Art	(siehe Tabelle unten)

		Hypothese H_0 ist in Wirklichkeit	
		wahr	falsch
Hypothese H_0 durch Testergebnis	abgelehnt	Entscheidung falsch **Fehler 1. Art**	Entscheidung richtig
	nicht abgelehnt	Entscheidung richtig	Entscheidung falsch **Fehler 2. Art**

Wahrscheinlichkeit für den Fehler 1. Art	Wahrscheinlichkeit, die Nullhypothese H_0 abzulehnen, obwohl sie wahr ist
Wahrscheinlichkeit für den Fehler 2. Art	Wahrscheinlichkeit, die Nullhypothese H_0 nicht abzulehnen, obwohl sie falsch ist
Alternativtest für eine unbekannte Wahrscheinlichkeit p	Test *zweier* sich gegenüberstehender Hypothesen, von denen nur eine wahr sein kann H_0: $p = p_0$ $\qquad$ H_1: $p = p_1$ X als zufällige Anzahl der Erfolge bei einer BERNOULLI-Kette der Länge n mit der unbekannten Erfolgswahrscheinlichkeit p ist $B_{n;\,p}$-verteilt. • $p_0 < p_1$: $\quad$ rechtsseitiger Ablehnungsbereich für H_0: $\bar{A} = \{k_1; \ldots; n\}$ • $p_0 > p_1$: $\quad$ linksseitiger Ablehnungsbereich für H_0: $\bar{A} = \{0; 1; \ldots; k_2\}$ $B_{n;\,p_0}(\bar{A})$ $\quad$ Wahrscheinlichkeit für den Fehler 1. Art $B_{n;\,p_1}(\bar{A})$ $\quad$ Wahrscheinlichkeit für den Fehler 2. Art
Signifikanztest	Test einer Nullhypothese (ohne besondere Berücksichtigung eines Fehlers 2. Art) **Grundidee:** Wahrscheinlichkeit für den Fehler 1. Art (die *Irrtumswahrscheinlichkeit*) soll klein sein, beschränkt durch das **Signifikanzniveau** α (Niveau der statistischen Sicherung). $\alpha = 0{,}05$ $\quad$ signifikant; $\qquad$ $\alpha = 0{,}01$ $\quad$ hoch signifikant Als Nullhypothese H_0 wird diejenige Hypothese gewählt, bei der der Fehler 1. Art von größerer Bedeutung ist als der Fehler 2. Art.

Signifikanztest / Vorgehensweise	• Aufstellen der Nullhypothese H_0 (und der Gegenhypothese H_1) mit dem Ziel, H_0 mit einer kleinen Irrtumswahrscheinlichkeit (Wahrscheinlichkeit für den Fehler 1. Art) abzulehnen • Wahl einer geeigneten Zufallsgröße (Testgröße) X, deren Wahrscheinlichkeitsverteilung bekannt ist. (Bei einer BERNOULLI-Kette der Länge n mit der Erfolgswahrscheinlichkeit p ist X $B_{n;\,p}$-verteilt.) • Wahl eines Signifikanzniveaus α, des Stichprobenumfangs n, Bestimmung des Ablehnungsbereichs (kritischen Bereichs, Verwerfungsbereichs) $\overline{A}$ • Ziehen der Stichprobe, Ermittlung des konkreten Wertes x der Zufallsgröße (Testgröße) und Entscheidung – H_0 wird abgelehnt (verworfen) mit einer Irrtumswahrscheinlichkeit von höchstens α (auf dem Signifikanzniveau α), falls $x \in \overline{A}$; – H_0 wird nicht abgelehnt (nicht verworfen), falls $x \notin \overline{A}$; Sprechweise: *Aufgrund der vorliegenden Daten ist gegen H_0 nichts einzuwenden.* Die Wahrscheinlichkeit für den Fehler 2. Art ist meist nicht angebbar.
Signifikanztest für eine unbekannte Wahrscheinlichkeit (einen unbekannten Anteil)	Signifikanzniveau α ist vorgegeben; X als die zufällige Anzahl der Erfolge bei einer BERNOULLI-Kette der Länge n mit der Erfolgswahrscheinlichkeit p ist $B_{n;\,p}$-verteilt. **Zweiseitiger Signifikanztest** $H_0: p = p_0 \qquad (H_1: p \neq p_0)$ zweiseitiger Ablehnungsbereich für H_0: $\overline{A} = \{0;\,1;\,\ldots;\,k_1\} \cup \{k_2;\,\ldots;\,n\}$ $B_{n;\,p_0}(\overline{A}) \leq \alpha$, d.h., gesucht sind k_1 und k_2, so dass $B_{n;\,p_0}(\{0;\,\ldots;\,k_1\}) \leq \dfrac{\alpha}{2}$ und $B_{n;\,p_0}(\{k_2;\,\ldots;\,n\}) \leq \dfrac{\alpha}{2}$ Wahrscheinlichkeit für den Fehler 1. Art: $B_{n;\,p_0}(\overline{A})$ 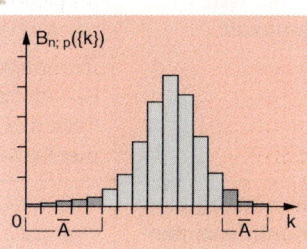 **Einseitiger (linksseitiger) Signifikanztest** $H_0: p \geq p_0 \qquad (H_1: p < p_0)$ linksseitiger Ablehnungsbereich für H_0: $\overline{A} = \{0;\,\ldots;\,k\}$ Gesucht ist k, so dass $B_{n;\,p_0}(\{0;\,\ldots;\,k\}) \leq \alpha$ Wahrscheinlichkeit für den Fehler 1. Art: $B_{n;\,p}(\overline{A})$, wobei p unbekannt; $B_{n;\,p}(\overline{A}) \leq B_{n;\,p_0}(\overline{A})$ 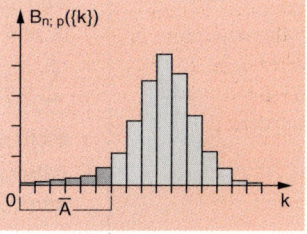 **Einseitiger (rechtsseitiger) Signifikanztest** $H_0: p \leq p_0 \qquad (H_1: p > p_0)$ rechtsseitiger Ablehnungsbereich für H_0: $\overline{A} = \{k;\,\ldots;\,n\}$ Gesucht ist k, so dass $B_{n;\,p_0}(\{k;\,\ldots;\,n\}) \leq \alpha$ Wahrscheinlichkeit für den Fehler 1. Art: $B_{n;\,p}(\overline{A})$, wobei p unbekannt; $B_{n;\,p}(\overline{A}) \leq B_{n;\,p_0}(\overline{A})$ 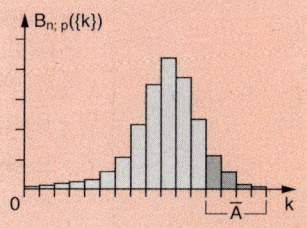

ST 2

(handschriftliche Notizen am Rand:) nur kleine Werte sprechen gegen die Nullhypoth.

(handschriftliche Notiz:) große Werte sprechen gegen die Nullhypoth.

Schätzen von Wahrscheinlichkeiten

X – zufällige Anzahl der Erfolge in einer BERNOULLI-Kette der Länge n, bei der Erfolg mit der Wahrscheinlichkeit p auftritt.

p – unbekannter Parameter der Binomialverteilung $B_{n;\,p}$ oder unbekannter Anteil p an einer Grundgesamtheit mit einem bestimmten Merkmal

Punktschätzung $\hat{p}$ für p	$\hat{p} = \frac{1}{n}X$
Konfidenzniveau (Vertrauensniveau, statistische Sicherheit)	$1 - \alpha$ (meist vorgegeben)
Konfidenzschätzung	Konfidenzschätzung (Vertrauensschätzung) für p auf dem Konfidenzniveau (Vertrauensniveau) $1 - \alpha$: $[\hat{p}_1 ; \hat{p}_2]$ mit $P(p \in [\hat{p}_1 ; \hat{p}_2]) \geq 1 - \alpha$ (Die Intervallgrenzen $\hat{p}_1 ; \hat{p}_2$ sind zufällig.)
Konfidenzintervall	Konfidenzintervall (Vertrauensintervall; Schätzintervall) für p auf dem Konfidenzniveau (Vertrauensniveau) $1 - \alpha$: Realisierung $[p_1; p_2]$ von $[\hat{p}_1 ; \hat{p}_2]$ *Interpretation:* Zieht man sehr oft eine Zufallsstichprobe und berechnet jeweils das Konfidenzintervall (Schätzintervall), so wird auf lange Sicht in $(1 - \alpha) \cdot 100\%$ der Fälle das so berechnete Intervall die wahre, aber unbekannte Wahrscheinlichkeit p enthalten.
Ermittlung von Konfidenzintervallen / Vorgehensweise	• *Ermittlung eines Konfidenzintervalls $[p_1; p_2]$ für p bei gegebenem Konfidenzniveau $1 - \alpha$ und gegebenem Stichprobenumfang n:* X – zufällige Anzahl der Erfolge in einer BERNOULLI-Kette der Länge n X ist binomialverteilt mit den Parametern n und p, wobei p unbekannt ist. x sei die Realisierung von X $(0 \leq x \leq n)$. p_1 und p_2 sind so zu bestimmen, dass die beiden Ungleichungen $$\sum_{k=x}^{n} \binom{n}{k} p_1^{\,k}(1 - p_1)^{n-k} \leq \frac{\alpha}{2} \quad \text{und} \quad \sum_{k=0}^{x} \binom{n}{k} p_2^{\,k}(1 - p_2)^{n-k} \leq \frac{\alpha}{2}$$ erfüllt sind. • *näherungsweise Ermittlung eines Konfidenzintervalls $[p_1; p_2]$ für p bei gegebenem Konfidenzniveau $1 - \alpha$ und großem (gegebenem) Stichprobenumfang n* X – zufällige Anzahl der Erfolge in einer BERNOULLI-Kette der Länge n X ist binomialverteilt mit den Parametern n und p, wobei die Wahrscheinlichkeit p für Erfolg unbekannt ist. x sei die Realisierung von X $(0 \leq x \leq n)$. – Bestimmung von z aus $\phi(z) = 1 - \frac{\alpha}{2}$ mit Hilfe der Tabelle der Normalverteilung – Bestimmung der Intervallgrenzen p_1 und p_2 aus der Ungleichung $(\frac{1}{n}x - p)^2 \leq z^2 \cdot \frac{p(1-p)}{n}$ Probe: $np(1 - p) > 9$

ST 2

Fakultäten n!

n	n!	n	n!	n	n!	n	n!
1	1	61	5.07580 E+83	121	8.09430 E+200	181	3.63622 E+331
2	2	62	3.14700 E+85	122	9.87504 E+202	182	6.61792 E+333
3	6	63	1.98261 E+87	123	1.21463 E+205	183	1.21108 E+336
4	24	64	1.26887 E+89	124	1.50614 E+207	184	2.22839 E+338
5	120	65	8.24765 E+90	125	1.88268 E+209	185	4.12251 E+340
6	720	66	5.44345 E+92	126	2.37217 E+211	186	7.66787 E+342
7	5 040	67	3.64711 E+94	127	3.01266 E+213	187	1.43389 E+345
8	40 320	68	2.48004 E+96	128	3.85620 E+215	188	2.69572 E+347
9	362 880	69	1.71122 E+98	129	4.97450 E+217	189	5.09491 E+349
10	3 628 800	70	1.19786 E+100	130	6.46686 E+219	190	9.68032 E+351
11	39 916 800	71	8.50479 E+101	131	8.47158 E+221	191	1.84894 E+354
12	479 001 600	72	6.12345 E+103	132	1.11825 E+224	192	3.54997 E+356
13	6 227 020 800	73	4.47012 E+105	133	1.48727 E+226	193	6.85144 E+358
14	8.71783 E+10	74	3.30789 E+107	134	1.99294 E+228	194	1.32918 E+361
15	1.30767 E+12	75	2.48091 E+109	135	2.69047 E+230	195	2.59190 E+363
16	2.09228 E+13	76	1.88549 E+111	136	3.65904 E+232	196	5.08012 E+365
17	3.55687 E+14	77	1.45183 E+113	137	5.01289 E+234	197	1.00078 E+368
18	6.40237 E+15	78	1.13243 E+115	138	6.91779 E+236	198	1.98155 E+370
19	1.21645 E+17	79	8.94618 E+116	139	9.61572 E+238	199	3.94329 E+372
20	2.43290 E+18	80	7.15695 E+118	140	1.34620 E+241	200	7.88658 E+374
21	5.10909 E+19	81	5.79713 E+120	141	1.89814 E+243	201	1.58520 E+377
22	1.12400 E+21	82	4.75364 E+122	142	2.69536 E+245	202	3.20211 E+379
23	2.58520 E+22	83	3.94552 E+124	143	3.85437 E+247	203	6.50028 E+381
24	6.20448 E+23	84	3.31424 E+126	144	5.55029 E+249	204	1.32606 E+384
25	1.55112 E+25	85	2.81710 E+128	145	8.04793 E+251	205	2.71842 E+386
26	4.03291 E+26	86	2.42271 E+130	146	1.17500 E+254	206	5.59994 E+388
27	1.08889 E+28	87	2.10776 E+132	147	1.72725 E+256	207	1.15919 E+391
28	3.04888 E+29	88	1.85483 E+134	148	2.55632 E+258	208	2.41111 E+393
29	8.84176 E+30	89	1.65080 E+136	149	3.80892 E+260	209	5.03922 E+395
30	2.65253 E+32	90	1.48572 E+138	150	5.71338 E+262	210	1.05824 E+398
31	8.22284 E+33	91	1.35200 E+140	151	8.62721 E+264	211	2.23288 E+400
32	2.63131 E+35	92	1.24384 E+142	152	1.31134 E+267	212	4.73370 E+402
33	8.68332 E+36	93	1.15677 E+144	153	2.00634 E+269	213	1.00828 E+405
34	2.95233 E+38	94	1.08737 E+146	154	3.08977 E+271	214	2.15772 E+407
35	1.03331 E+40	95	1.03300 E+148	155	4.78914 E+273	215	4.63909 E+409
36	3.71993 E+41	96	9.91678 E+149	156	7.47106 E+275	216	1.00204 E+412
37	1.37638 E+43	97	9.61928 E+151	157	1.17296 E+278	217	2.17443 E+414
38	5.23023 E+44	98	9.42689 E+153	158	1.85327 E+280	218	4.74027 E+416
39	2.03979 E+46	99	9.33262 E+155	159	2.94670 E+282	219	1.03812 E+419
40	8.15915 E+47	100	9.33262 E+157	160	4.71472 E+284	220	2.28386 E+421
41	3.34525 E+49	101	9.42595 E+159	161	7.59071 E+286	221	5.04733 E+423
42	1.40501 E+51	102	9.61447 E+161	162	1.22969 E+289	222	1.12051 E+426
43	6.04153 E+52	103	9.90290 E+163	163	2.00440 E+291	223	2.49873 E+428
44	2.65827 E+54	104	1.02990 E+166	164	3.28722 E+293	224	5.59716 E+430
45	1.19622 E+56	105	1.08140 E+168	165	5.42391 E+295	225	1.25936 E+433
46	5.50262 E+57	106	1.14628 E+170	166	9.00369 E+297	226	2.84616 E+435
47	2.58623 E+59	107	1.22652 E+172	167	1.50362 E+300	227	6.46077 E+437
48	1.24139 E+61	108	1.32464 E+174	168	2.52608 E+302	228	1.47306 E+440
49	6.08282 E+62	109	1.44386 E+176	169	4.26907 E+304	229	3.37330 E+442
50	3.04141 E+64	110	1.58825 E+178	170	7.25742 E+306	230	7.75859 E+444
51	1.55112 E+66	111	1.76295 E+180	171	1.24102 E+309	231	1.79223 E+447
52	8.06582 E+67	112	1.97451 E+182	172	2.13455 E+311	232	4.15798 E+449
53	4.27488 E+69	113	2.23119 E+184	173	3.69277 E+313	233	9.68810 E+451
54	2.30844 E+71	114	2.54356 E+186	174	6.42543 E+315	234	2.26701 E+454
55	1.26964 E+73	115	2.92509 E+188	175	1.12445 E+318	235	5.32749 E+456
56	7.10999 E+74	116	3.39311 E+190	176	1.97903 E+320	236	1.25729 E+459
57	4.05269 E+76	117	3.96994 E+192	177	3.50289 E+322	237	2.97977 E+461
58	2.35056 E+78	118	4.68453 E+194	178	6.23514 E+324	238	7.09185 E+463
59	1.38683 E+80	119	5.57459 E+196	179	1.11609 E+327	239	1.69495 E+466
60	8.32099 E+81	120	6.68950 E+198	180	2.00896 E+329	240	4.06789 E+468

T 1

Binomialkoeffizienten $\binom{n}{k}$

$$\binom{n}{0} = 1$$

$$\binom{n}{k} = \binom{n}{n-k}$$

n \ k	1	2	3	4	5	6	7	8	9	10	11	12	13	14	15
1	1														
2	2	1													
3	3	3	1												
4	4	6	4	1											
5	5	10	10	5	1										
6	6	15	20	15	6	1									
7	7	21	35	35	21	7	1								
8	8	28	56	70	56	28	8	1							
9	9	36	84	126	126	84	36	9	1						
10	10	45	120	210	252	210	120	45	10	1					
11	11	55	165	330	462	462	330	165	55	11	1				
12	12	66	220	495	792	924	792	495	220	66	12	1			
13	13	78	286	715	1287	1716	1716	1287	715	286	78	13	1		
14	14	91	364	1001	2002	3003	3432	3003	2002	1001	364	91	14	1	
15	15	105	455	1365	3003	5005	6435	6435	5005	3003	1365	455	105	15	1
16	16	120	560	1820	4368	8008	11440	12870	11440	8008	4368	1820	560	120	16
17	17	136	680	2380	6188	12376	19448	24310	24310	19448	12376	6188	2380	680	136
18	18	153	816	3060	8568	18564	31824	43758	48620	43758	31824	18564	8568	3060	816
19	19	171	969	3876	11628	27132	50388	75582	92378	92378	75582	50388	27132	11628	3876
20	20	190	1140	4845	15504	38760	77520	125970	167960	184756	167960	125970	77520	38760	15504
21	21	210	1330	5985	20349	54264	116280	203490	293930	352716	352716	293930	203490	116280	54264
22	22	231	1540	7315	26334	74613	170544	319770	497420	646646	705432	646646	497420	319770	170544
23	23	253	1771	8855	33649	100947	245157	490314	817190	1144066	1352078	1352078	1144066	817190	490314
24	24	276	2024	10626	42504	134596	346104	735471	1307504	1961256	2496144	2704156	2496144	1961256	1307504
25	25	300	2300	12650	53130	177100	480700	1081575	2042975	3268760	4457400	5200300	5200300	4457400	3268760
26	26	325	2600	14950	65780	230230	657800	1562275	3124550	5311735	7726160	9657700	10400600	9657700	7726160
27	27	351	2925	17550	80730	296010	888030	2220075	4686825	8436285	13037895	17383860	20058300	20058300	17383860
28	28	378	3276	20475	98280	376740	1184040	3108105	6906900	13123110	21474180	30421755	37442160	40116600	37442160
29	29	406	3654	23751	118755	475020	1560780	4292145	10015005	20030010	34597290	51895935	67863915	77558760	77558760
30	30	435	4060	27405	142506	593775	2035800	5852925	14307150	30045015	54627300	86493225	119759850	145422675	155117520
31	31	465	4495	31465	169911	736281	2629575	7888725	20160075	44352165	84672315	141120525	206253075	265182525	300540195

T 2

Zufallszahlen

	1	2	3	4	5	6	7	8	9	10	11	12
1	47178	91643	22999	00499	91139	60144	80892	97929	74063	03080	27317	04355
2	27938	69678	93122	08143	64167	97713	14986	54047	95157	51591	61974	71398
3	97234	89235	63147	89457	18424	37827	58316	58725	85677	97268	16403	13436
4	17878	60645	04769	25698	80094	62474	01511	80102	58564	96450	77155	58828
5	39576	86011	42334	14329	35851	27249	16425	64351	06378	63108	66018	79310
6	32547	24215	37471	64374	22456	14072	00661	23804	00010	58888	04594	57075
7	35452	39987	32422	47909	40284	71940	04740	43650	50679	46678	37726	26726
8	15744	83647	64053	55956	12976	93462	68982	35337	82315	28384	96125	60873
9	50332	10277	02412	49148	96195	41103	38970	49630	05298	76060	50360	11566
10	61598	97469	33243	34977	97853	60083	94740	74979	10595	94124	13487	78029
11	39494	46728	41607	49742	82632	61171	98293	66763	81463	76292	43436	03597
12	99028	62201	40703	65260	80872	37609	79057	82329	11054	46776	43208	63301
13	91694	16635	21006	76306	77116	92237	09029	80866	72718	24555	99144	09759
14	65859	01654	68178	54409	33320	88658	95048	94367	27958	17433	68089	23632
15	23460	19815	37287	56024	68143	51110	38767	28563	50556	74619	07527	42770
16	52293	85783	94824	89492	21833	44103	56755	09036	65568	61108	65331	40605
17	03928	97805	66882	69361	10834	20644	67624	55975	52395	90993	59749	17396
18	66287	29688	91538	20518	29781	98223	66765	17081	71878	32561	04737	44351
19	92146	85730	73749	09914	90994	72895	18680	73992	93745	94213	89013	13415
20	68856	57217	52063	36426	57030	15540	36242	51262	62233	09351	58662	43141
21	10498	20346	40090	44166	76519	16739	15144	53055	78398	64439	74371	20843
22	21060	54448	52549	05722	18463	43465	91629	10077	91965	12192	56026	49194
23	52182	97571	70459	02097	18390	28055	48284	18940	35365	39776	64316	64254
24	61069	82059	22217	18327	11497	36379	98789	23112	00994	83159	24211	00073
25	33539	09643	21431	98617	41922	39134	58692	36234	71197	46104	12911	24481
26	48828	60964	47357	13447	79989	96556	96408	46954	52026	64230	26271	29576
27	83195	79420	06961	89103	06576	01950	74937	76227	51212	76537	93160	45311
28	19371	60921	21728	09630	99780	57259	61150	77361	88127	15231	07580	67324
29	11784	56681	80374	71952	57341	67471	50132	65995	58145	64615	03321	33606
30	65001	94381	34066	86011	30892	12036	29703	33519	13718	45274	56935	80256
31	15964	02374	38911	65372	41334	60808	16326	61565	51732	77324	15669	02743
32	57690	93758	20866	42810	55780	34887	45145	95021	22534	25826	58080	28922
33	66764	11645	82786	60048	50956	62004	65409	06523	81733	23854	91081	32494
34	44029	25455	19106	61850	47685	37520	05490	37778	40810	11251	16749	14527
35	90588	83214	69858	94990	19777	54848	87936	44755	60436	59245	69162	60217
36	15615	75848	20097	93415	51986	80234	00623	39812	11144	66377	12731	51435
37	66253	88912	30123	54977	54085	93430	92375	39263	22649	52996	96408	48075
38	62767	56823	78989	71121	95993	72809	83018	43318	44152	40403	15562	58430
39	57415	90792	85744	11431	86770	88828	02087	13859	27432	34203	29368	47773
40	00298	45609	43542	49418	52307	26397	67937	28982	54694	87647	91697	74025
41	16249	07351	15455	99986	83849	03058	54838	89781	63741	18689	64220	24320
42	70693	01414	12826	86684	48869	62876	22221	51141	76272	83877	77540	45493
43	11124	72875	23049	85716	35835	57525	78253	46944	57277	38720	87227	79179
44	36397	77169	99990	19194	21352	23638	74773	68867	68276	55587	43529	22577
45	47676	50693	78268	88070	54913	24583	52333	84974	52255	19356	18754	07626
46	12746	95076	61894	86581	36665	11481	76885	04575	52987	06878	70022	11331
47	07124	88034	99833	82058	11042	69118	31987	62182	10261	99191	79514	31597
48	37518	83031	70934	65861	38450	37543	31970	00422	69302	36760	42128	56762
49	84723	85857	25078	12358	87562	69701	51392	38906	15861	89814	86033	50800
50	32587	59838	94859	32771	69075	04754	09962	60231	47500	13845	93462	10965
51	13316	93755	91455	03161	65265	91717	71762	95081	10548	15957	37372	55078
52	39275	38944	86740	89917	96030	36471	02718	10439	40407	54203	83462	00220
53	78261	19301	80899	27614	20522	70670	68895	38699	84206	10558	09469	20537
54	16113	69435	45001	76229	62624	48764	30448	49769	07117	14669	83083	74598
55	51743	93060	62731	97608	25750	14017	79710	50679	42661	93416	59877	73897
56	62233	14075	50516	34709	94751	67002	43390	51072	98994	38030	10131	17441
57	09616	63895	30975	30227	76519	19014	61657	56441	25792	20856	48397	32719
58	53598	09408	15247	62548	06249	90934	85521	19085	53329	60457	70601	90251
59	76747	53977	26448	69310	12943	30259	98008	61292	71563	44190	06934	24329
60	57558	96238	78243	46667	34245	44591	53974	95783	08405	66529	02448	60193

T 3

Tabellen zur Normalverteilung

Dichtefunktionswerte φ(x) der Normalverteilung $\varphi(x) = \dfrac{1}{\sqrt{2\pi}} \cdot e^{-\frac{1}{2}x^2}$

x	0	1	2	3	4	5	6	7	8	9
0.0	0.399	0.399	0.399	0.399	0.399	0.398	0.398	0.398	0.398	0.397
0.1	0.397	0.397	0.396	0.396	0.395	0.394	0.394	0.393	0.393	0.392
0.2	0.391	0.390	0.389	0.389	0.388	0.387	0.386	0.385	0.384	0.383
0.3	0.381	0.380	0.379	0.379	0.378	0.377	0.375	0.374	0.373	0.371	0.370
0.4	0.368	0.367	0.365	0.364	0.362	0.361	0.359	0.357	0.356	0.354
0.5	0.352	0.350	0.349	0.347	0.345	0.343	0.341	0.339	0.337	0.335
0.6	0.333	0.331	0.329	0.327	0.325	0.323	0.321	0.319	0.317	0.314
0.7	0.312	0.310	0.308	0.306	0.303	0.301	0.299	0.297	0.294	0.292
0.8	0.290	0.287	0.285	0.283	0.280	0.278	0.276	0.273	0.271	0.268
0.9	0.266	0.264	0.261	0.259	0.256	0.254	0.252	0.249	0.247	0.244
1.0	0.242	0.240	0.237	0.235	0.232	0.230	0.228	0.225	0.223	0.220
1.1	0.218	0.215	0.213	0.211	0.208	0.206	0.204	0.201	0.199	0.197
1.2	0.194	0.192	0.190	0.187	0.185	0.183	0.180	0.178	0.176	0.174
1.3	0.171	0.169	0.167	0.165	0.163	0.160	0.158	0.156	0.154	0.152
1.4	0.150	0.148	0.146	0.144	0.141	0.139	0.137	0.135	0.133	0.131
1.5	0.130	0.128	0.126	0.124	0.122	0.120	0.118	0.116	0.115	0.113
1.6	0.111	0.109	0.107	0.106	0.104	0.102	0.101	0.099	0.097	0.096
1.7	0.094	0.092	0.091	0.089	0.088	0.086	0.085	0.083	0.082	0.080
1.8	0.079	0.078	0.076	0.075	0.073	0.072	0.071	0.069	0.068	0.067
1.9	0.066	0.064	0.063	0.062	0.061	0.060	0.058	0.057	0.056	0.055
2.0	0.054	0.053	0.052	0.051	0.050	0.049	0.048	0.047	0.046	0.045
2.1	0.044	0.043	0.042	0.041	0.040	0.040	0.039	0.038	0.037	0.036
2.2	0.036	0.034	0.034	0.033	0.033	0.032	0.031	0.030	0.030	0.029
2.3	0.029	0.027	0.027	0.026	0.026	0.025	0.025	0.024	0.024	0.023
2.4	0.022	0.021	0.021	0.021	0.020	0.020	0.019	0.019	0.018	0.018
2.5	0.018	0.017	0.017	0.016	0.016	0.016	0.015	0.015	0.014	0.014
3.0	0.004	0.004	0.004	0.004	0.004	0.004	0.004	0.004	0.004	0.003
3.5	0.001									

Funktionswerte Φ(x) der Normalverteilung $\Phi(x) = \displaystyle\int_{-\infty}^{x} \varphi(z)\,dz$

x	0	1	2	3	4	5	6	7	8	9
0.0	0.5000	0.5040	0.5080	0.5120	0.5160	0.5200	0.5239	0.5279	0.5319	0.5359
0.1	0.5398	0.5438	0.5478	0.5517	0.5557	0.5596	0.5636	0.5675	0.5714	0.5754
0.2	0.5793	0.5832	0.5871	0.5910	0.5948	0.5987	0.6026	0.6064	0.6103	0.6141
0.3	0.6179	0.6217	0.6255	0.6293	0.6331	0.6368	0.6406	0.6443	0.6480	0.6517
0.4	0.6555	0.6591	0.6628	0.6664	0.6700	0.6736	0.6772	0.6808	0.6844	0.6879
0.5	0.6915	0.6950	0.6985	0.7019	0.7045	0.7088	0.7123	0.7157	0.7190	0.7224
0.6	0.7258	0.7291	0.7324	0.7357	0.7389	0.7422	0.7454	0.7486	0.7518	0.7549
0.7	0.7580	0.7612	0.7642	0.7673	0.7704	0.7734	0.7764	0.7794	0.7823	0.7852
0.8	0.7881	0.7910	0.7939	0.7967	0.7996	0.8023	0.8051	0.8079	0.8106	0.8133
0.9	0.8159	0.8186	0.8212	0.8238	0.8264	0.8289	0.8315	0.8340	0.8365	0.8389
1.0	0.8413	0.8438	0.8461	0.8485	0.8508	0.8531	0.8554	0.8577	0.8599	0.8621
1.1	0.8643	0.8665	0.8686	0.8708	0.8729	0.8749	0.8770	0.8790	0.8810	0.8830
1.2	0.8849	0.8869	0.8888	0.8907	0.8925	0.8944	0.8962	0.8980	0.8997	0.9015
1.3	0.9032	0.9049	0.9066	0.9082	0.9099	0.9115	0.9131	0.9147	0.9162	0.9177
1.4	0.9192	0.9207	0.9222	0.9236	0.9251	0.9265	0.9279	0.9292	0.9306	0.9319
1.5	0.9332	0.9345	0.9357	0.9370	0.9382	0.9394	0.9406	0.9418	0.9430	0.9441
1.6	0.9452	0.9463	0.9474	0.9485	0.9495	0.9505	0.9515	0.9525	0.9535	0.9545
1.7	0.9554	0.9564	0.9573	0.9582	0.9591	0.9599	0.9608	0.9616	0.9625	0.9633
1.8	0.9641	0.9649	0.9656	0.9664	0.9671	0.9678	0.9686	0.9693	0.9700	0.9706
1.9	0.9713	0.9719	0.9726	0.9732	0.9738	0.9744	0.9750	0.9756	0.9762	0.9767
2.0	0.9773	0.9778	0.9783	0.9788	0.9793	0.9798	0.9803	0.9808	0.9812	0.9817
2.1	0.9821	0.9826	0.9830	0.9834	0.9838	0.9842	0.9846	0.9850	0.9854	0.9857
2.2	0.9861	0.9865	0.9868	0.9871	0.9875	0.9878	0.9881	0.9884	0.9887	0.9890
2.3	0.9893	0.9896	0.9898	0.9901	0.9904	0.9906	0.9909	0.9911	0.9913	0.9916
2.4	0.9918	0.9920	0.9922	0.9925	0.9927	0.9929	0.9931	0.9932	0.9934	0.9936
2.5	0.9938	0.9940	0.9941	0.9943	0.9945	0.9946	0.9948	0.9949	0.9951	0.9952
2.6	0.9953	0.9955	0.9956	0.9957	0.9959	0.9960	0.9961	0.9962	0.9963	0.9964
2.7	0.9965	0.9966	0.9967	0.9968	0.9969	0.9970	0.9971	0.9972	0.9973	0.9974
2.8	0.9974	0.9975	0.9976	0.9977	0.9977	0.9978	0.9979	0.9980	0.9980	0.9981

x	0	1	2	3	4	5	6	7	8	9
2.9	0.9981	0.9982	0.9983	0.9983	0.9984	0.9984	0.9985	0.9985	0.9986	0.9986
3.0	0.9987	0.9987	0.9987	0.9988	0.9988	0.9989	0.9989	0.9989	0.9990	0.9990
3.1	0.9990	0.9991	0.9991	0.9991	0.9992	0.9992	0.9992	0.9992	0.9993	0.9993
3.2	0.9993	0.9993	0.9994	0.9994	0.9994	0.9994	0.9994	0.9995	0.9995	0.9995
3.3	0.9995	0.9995	0.9995	0.9996	0.9996	0.9996	0.9996	0.9996	0.9996	0.9997
3.4	0.9997	0.9997	0.9997	0.9997	0.9997	0.9997	0.9997	0.9997	0.9997	0.9998
3.5	0.9998	0.9998	0.9998	0.9998	0.9998	0.9998	0.9998	0.9998	0.9998	0.9998
3.6	0.9998	0.9998	0.9999	0.9999	0.9999	0.9999	0.9999	0.9999	0.9999	0.9999
3.7	0.9999	0.9999	0.9999	0.9999	0.9999	0.9999	0.9999	0.9999	0.9999	0.9999
3.8	0.9999	0.9999	0.9999	0.9999	0.9999	0.9999	0.9999	0.9999	0.9999	0.9999

Tabellen zur Binomialverteilung

Die Tabellen enthalten jeweils in der ersten Spalte $\quad B_{n,\,p}(\{k\}) = \binom{n}{k} p^k (1-p)^{n-k}$

und in der zweiten Spalte $\quad B_{n,\,p}(\{0;\,1;\,\ldots;\,k\}) = \sum\limits_{i=0}^{k} \binom{n}{i} p^i (1-p)^{n-i}$

Die Werte sind auf fünf Stellen nach dem Komma gerundet.

n = 4

k	p = 0.05 $B_{n,p}(\{k\})$	$B_{n,p}(\{0;\ldots;k\})$	p = 0.10 $B_{n,p}(\{k\})$	$B_{n,p}(\{0;\ldots;k\})$	p = 1/6 $B_{n,p}(\{k\})$	$B_{n,p}(\{0;\ldots;k\})$	p = 0.20 $B_{n,p}(\{k\})$	$B_{n,p}(\{0;\ldots;k\})$
0	0.81451	0.81451	0.65610	0.65610	0.48225	0.48225	0.40960	0.40960
1	0.17148	0.98598	0.29160	0.94770	0.38580	0.86806	0.40960	0.81920
2	0.01354	0.99952	0.04860	0.99630	0.11574	0.98380	0.15360	0.97280
3	0.00047	0.99999	0.00360	0.99990	0.01543	0.99923	0.02560	0.99840
4	0.00001	1.00000	0.00010	1.00000	0.00077	1.00000	0.00160	1.00000

k	p = 0.25 $B_{n,p}(\{k\})$	$B_{n,p}(\{0;\ldots;k\})$	p = 0.30 $B_{n,p}(\{k\})$	$B_{n,p}(\{0;\ldots;k\})$	p = 1/3 $B_{n,p}(\{k\})$	$B_{n,p}(\{0;\ldots;k\})$	p = 0.40 $B_{n,p}(\{k\})$	$B_{n,p}(\{0;\ldots;k\})$
0	0.31641	0.31641	0.24010	0.24010	0.19753	0.19753	0.12960	0.12960
1	0.42188	0.73828	0.41160	0.65170	0.39506	0.59259	0.34560	0.47520
2	0.21094	0.94922	0.26460	0.91630	0.29630	0.88889	0.34560	0.82080
3	0.04688	0.99609	0.07560	0.99190	0.09877	0.98765	0.15360	0.97440
4	0.00391	1.00000	0.00810	1.00000	0.01235	1.00000	0.02560	1.00000

k	p = 0.50 $B_{n,p}(\{k\})$	$B_{n,p}(\{0;\ldots;k\})$	p = 0.60 $B_{n,p}(\{k\})$	$B_{n,p}(\{0;\ldots;k\})$	p = 0.70 $B_{n,p}(\{k\})$	$B_{n,p}(\{0;\ldots;k\})$	p = 0.75 $B_{n,p}(\{k\})$	$B_{n,p}(\{0;\ldots;k\})$
0	0.06250	0.06250	0.02560	0.02560	0.00810	0.00810	0.00391	0.00391
1	0.25000	0.31250	0.15360	0.17920	0.07560	0.08370	0.04688	0.05078
2	0.37500	0.68750	0.34560	0.52480	0.26460	0.34830	0.21094	0.26172
3	0.25000	0.93750	0.34560	0.87040	0.41160	0.75990	0.42188	0.68359
4	0.06250	1.00000	0.12960	1.00000	0.24010	1.00000	0.31641	1.00000

k	p = 0.80 $B_{n,p}(\{k\})$	$B_{n,p}(\{0;\ldots;k\})$	p = 5/6 $B_{n,p}(\{k\})$	$B_{n,p}(\{0;\ldots;k\})$	p = 0.90 $B_{n,p}(\{k\})$	$B_{n,p}(\{0;\ldots;k\})$	p = 0.95 $B_{n,p}(\{k\})$	$B_{n,p}(\{0;\ldots;k\})$
0	0.00160	0.00160	0.00077	0.00077	0.00010	0.00010	0.00001	0.00001
1	0.02560	0.02720	0.01543	0.01620	0.00360	0.00370	0.00047	0.00048
2	0.15360	0.18080	0.11574	0.13194	0.04860	0.05230	0.01354	0.01402
3	0.40960	0.59040	0.38580	0.51775	0.29160	0.34390	0.17147	0.18549
4	0.40960	1.00000	0.48225	1.00000	0.65610	1.00000	0.81451	1.00000

n = 5

k	p = 0.05 $B_{n,p}(\{k\})$	$B_{n,p}(\{0;\ldots;k\})$	p = 0.10 $B_{n,p}(\{k\})$	$B_{n,p}(\{0;\ldots;k\})$	p = 1/6 $B_{n,p}(\{k\})$	$B_{n,p}(\{0;\ldots;k\})$	p = 0.20 $B_{n,p}(\{k\})$	$B_{n,p}(\{0;\ldots;k\})$
0	0.77378	0.77378	0.59049	0.59049	0.40188	0.40188	0.32768	0.32768
1	0.20363	0.97741	0.32805	0.91854	0.40188	0.80376	0.40960	0.73728
2	0.02143	0.99884	0.07290	0.99144	0.16075	0.96451	0.20480	0.94208
3	0.00113	0.99997	0.00810	0.99954	0.03215	0.99666	0.05120	0.99328
4	0.00003	1.00000	0.00045	0.99999	0.00322	0.99987	0.00640	0.99968
5	0.00000	1.00000	0.00001	1.00000	0.00013	1.00000	0.00032	1.00000

T 5

k	p = 0.25 $B_{n,p}(\{k\})$	$B_{n,p}(\{0;...;k\})$	p = 0.30 $B_{n,p}(\{k\})$	$B_{n,p}(\{0;...;k\})$	p = 1/3 $B_{n,p}(\{k\})$	$B_{n,p}(\{0;...;k\})$	p = 0.40 $B_{n,p}(\{k\})$	$B_{n,p}(\{0;...;k\})$
0	0.23730	0.23730	0.16807	0.16807	0.13169	0.13169	0.07776	0.07776
1	0.39551	0.63281	0.36015	0.52822	0.32922	0.46091	0.25920	0.33696
2	0.26367	0.89648	0.30870	0.83692	0.32922	0.79012	0.34560	0.68256
3	0.08789	0.98438	0.13230	0.96922	0.16461	0.95473	0.23040	0.91296
4	0.01465	0.99902	0.02835	0.99757	0.04115	0.99588	0.07680	0.98976
5	0.00098	1.00000	0.00243	1.00000	0.00412	1.00000	0.01024	1.00000

k	p = 0.50 $B_{n,p}(\{k\})$	$B_{n,p}(\{0;...;k\})$	p = 0.60 $B_{n,p}(\{k\})$	$B_{n,p}(\{0;...;k\})$	p = 0.70 $B_{n,p}(\{k\})$	$B_{n,p}(\{0;...;k\})$	p = 0.75 $B_{n,p}(\{k\})$	$B_{n,p}(\{0;...;k\})$
0	0.03125	0.03125	0.01024	0.01024	0.00243	0.00243	0.00098	0.00098
1	0.15625	0.18750	0.07680	0.08704	0.02835	0.03078	0.01465	0.01563
2	0.31250	0.50000	0.23040	0.31744	0.13230	0.16308	0.08789	0.10352
3	0.31250	0.81250	0.34560	0.66304	0.30870	0.47178	0.26367	0.36719
4	0.15625	0.96875	0.25920	0.92224	0.36015	0.83193	0.39551	0.76270
5	0.03125	1.00000	0.07776	1.00000	0.16807	1.00000	0.23730	1.00000

k	p = 0.80 $B_{n,p}(\{k\})$	$B_{n,p}(\{0;...;k\})$	p = 5/6 $B_{n,p}(\{k\})$	$B_{n,p}(\{0;...;k\})$	p = 0.90 $B_{n,p}(\{k\})$	$B_{n,p}(\{0;...;k\})$	p = 0.95 $B_{n,p}(\{k\})$	$B_{n,p}(\{0;...;k\})$
0	0.00032	0.00032	0.00013	0.00013	0.00001	0.00001	0.00000	0.00000
1	0.00640	0.00672	0.00322	0.00334	0.00045	0.00046	0.00003	0.00003
2	0.05120	0.05792	0.03215	0.03549	0.00810	0.00856	0.00113	0.00116
3	0.20480	0.26272	0.16075	0.19624	0.07290	0.08146	0.02143	0.02259
4	0.40960	0.67232	0.40188	0.59812	0.32805	0.40951	0.20363	0.22622
5	0.32768	1.00000	0.40188	1.00000	0.59049	1.00000	0.77378	1.00000

n = 6

T 5

k	p = 0.05 $B_{n,p}(\{k\})$	$B_{n,p}(\{0;...;k\})$	p = 0.10 $B_{n,p}(\{k\})$	$B_{n,p}(\{0;...;k\})$	p = 1/6 $B_{n,p}(\{k\})$	$B_{n,p}(\{0;...;k\})$	p = 0.20 $B_{n,p}(\{k\})$	$B_{n,p}(\{0;...;k\})$
0	0.73509	0.73509	0.53144	0.53144	0.33490	0.33490	0.26214	0.26214
1	0.23213	0.96723	0.35429	0.88574	0.40188	0.73678	0.39322	0.65536
2	0.03054	0.99777	0.09842	0.98415	0.20094	0.93771	0.24576	0.90112
3	0.00214	0.99991	0.01458	0.99873	0.05358	0.99130	0.08192	0.98304
4	0.00008	1.00000	0.00122	0.99995	0.00804	0.99934	0.01536	0.99840
5	0.00000	1.00000	0.00005	1.00000	0.00064	0.99998	0.00154	0.99994
6	0.00000	1.00000	0.00000	1.00000	0.00002	1.00000	0.00006	1.00000

k	p = 0.25 $B_{n,p}(\{k\})$	$B_{n,p}(\{0;...;k\})$	p = 0.30 $B_{n,p}(\{k\})$	$B_{n,p}(\{0;...;k\})$	p = 1/3 $B_{n,p}(\{k\})$	$B_{n,p}(\{0;...;k\})$	p = 0.40 $B_{n,p}(\{k\})$	$B_{n,p}(\{0;...;k\})$
0	0.17798	0.17798	0.11765	0.11765	0.08779	0.08779	0.04666	0.04666
1	0.35596	0.53394	0.30253	0.42018	0.26337	0.35117	0.18662	0.23328
2	0.29663	0.83057	0.32414	0.74431	0.32922	0.68038	0.31104	0.54432
3	0.13184	0.96240	0.18522	0.92953	0.21948	0.89986	0.27648	0.82080
4	0.03296	0.99536	0.05954	0.98907	0.08230	0.98217	0.13824	0.95904
5	0.00439	0.99976	0.01021	0.99927	0.01646	0.99863	0.03686	0.99590
6	0.00024	1.00000	0.00073	1.00000	0.00137	1.00000	0.00410	1.00000

k	p = 0.50 $B_{n,p}(\{k\})$	$B_{n,p}(\{0;...;k\})$	p = 0.60 $B_{n,p}(\{k\})$	$B_{n,p}(\{0;...;k\})$	p = 0.70 $B_{n,p}(\{k\})$	$B_{n,p}(\{0;...;k\})$	p = 0.75 $B_{n,p}(\{k\})$	$B_{n,p}(\{0;...;k\})$
0	0.01563	0.01563	0.00410	0.00410	0.00073	0.00073	0.00024	0.00024
1	0.09375	0.10938	0.03686	0.04096	0.01021	0.01094	0.00439	0.00464
2	0.23438	0.34375	0.13824	0.17920	0.05954	0.07047	0.03296	0.03760
3	0.31250	0.65625	0.27648	0.45568	0.18522	0.25569	0.13184	0.16943
4	0.23438	0.89063	0.31104	0.76672	0.32414	0.57983	0.29663	0.46606
5	0.09375	0.98438	0.18662	0.95334	0.30253	0.88235	0.35596	0.82202
6	0.01563	1.00000	0.04666	1.00000	0.11765	1.00000	0.17798	1.00000

k	p = 0.80 $B_{n,p}(\{k\})$	$B_{n,p}(\{0;...;k\})$	p = 5/6 $B_{n,p}(\{k\})$	$B_{n,p}(\{0;...;k\})$	p = 0.90 $B_{n,p}(\{k\})$	$B_{n,p}(\{0;...;k\})$	p = 0.95 $B_{n,p}(\{k\})$	$B_{n,p}(\{0;...;k\})$
0	0.00006	0.00006	0.00002	0.00002	0.00000	0.00000	0.00000	0.00000
1	0.00154	0.00160	0.00064	0.00066	0.00005	0.00006	0.00000	0.00000
2	0.01536	0.01696	0.00804	0.00870	0.00122	0.00127	0.00008	0.00009
3	0.08192	0.09888	0.05358	0.06229	0.01458	0.01585	0.00214	0.00223
4	0.24576	0.34464	0.20094	0.26322	0.09842	0.11427	0.03054	0.03277
5	0.39322	0.73786	0.40188	0.66510	0.35429	0.46856	0.23213	0.26491
6	0.26214	1.00000	0.33490	1.00000	0.53144	1.00000	0.73509	1.00000

n = 7

k	p = 0.05 $B_{n,p}(\{k\})$	$B_{n,p}(\{0;...;k\})$	p = 0.10 $B_{n,p}(\{k\})$	$B_{n,p}(\{0;...;k\})$	p = 1/6 $B_{n,p}(\{k\})$	$B_{n,p}(\{0;...;k\})$	p = 0.20 $B_{n,p}(\{k\})$	$B_{n,p}(\{0;...;k\})$
0	0.69834	0.69834	0.47830	0.47830	0.27908	0.27908	0.20972	0.20972
1	0.25728	0.95562	0.37201	0.85031	0.39071	0.66980	0.36700	0.57672
2	0.04062	0.99624	0.12400	0.97431	0.23443	0.90422	0.27525	0.85197
3	0.00356	0.99981	0.02296	0.99727	0.07814	0.98237	0.11469	0.96666
4	0.00019	0.99999	0.00255	0.99982	0.01563	0.99800	0.02867	0.99533
5	0.00001	1.00000	0.00017	0.99999	0.00188	0.99987	0.00430	0.99963
6	0.00000	1.00000	0.00001	1.00000	0.00013	1.00000	0.00036	0.99999
7	0.00000	1.00000	0.00000	1.00000	0.00000	1.00000	0.00001	1.00000

k	p = 0.25 $B_{n,p}(\{k\})$	$B_{n,p}(\{0;...;k\})$	p = 0.30 $B_{n,p}(\{k\})$	$B_{n,p}(\{0;...;k\})$	p = 1/3 $B_{n,p}(\{k\})$	$B_{n,p}(\{0;...;k\})$	p = 0.40 $B_{n,p}(\{k\})$	$B_{n,p}(\{0;...;k\})$
0	0.13348	0.13348	0.08235	0.08235	0.05853	0.05853	0.02799	0.02799
1	0.31146	0.44495	0.24706	0.32942	0.20485	0.26337	0.13064	0.15863
2	0.31146	0.75641	0.31765	0.64707	0.30727	0.57064	0.26127	0.41990
3	0.17303	0.92944	0.22689	0.87396	0.25606	0.82670	0.29030	0.71021
4	0.05768	0.98712	0.09724	0.97120	0.12803	0.95473	0.19354	0.90374
5	0.01154	0.99866	0.02500	0.99621	0.03841	0.99314	0.07741	0.98116
6	0.00128	0.99994	0.00357	0.99978	0.00640	0.99954	0.01720	0.99836
7	0.00006	1.00000	0.00022	1.00000	0.00046	1.00000	0.00164	1.00000

k	p = 0.50 $B_{n,p}(\{k\})$	$B_{n,p}(\{0;...;k\})$	p = 0.60 $B_{n,p}(\{k\})$	$B_{n,p}(\{0;...;k\})$	p = 0.70 $B_{n,p}(\{k\})$	$B_{n,p}(\{0;...;k\})$	p = 0.75 $B_{n,p}(\{k\})$	$B_{n,p}(\{0;...;k\})$
0	0.00781	0.00781	0.00164	0.00164	0.00022	0.00022	0.00006	0.00006
1	0.05469	0.06250	0.01720	0.01884	0.00357	0.00379	0.00128	0.00134
2	0.16406	0.22656	0.07741	0.09626	0.02500	0.02880	0.01154	0.01288
3	0.27344	0.50000	0.19354	0.28979	0.09724	0.12604	0.05768	0.07056
4	0.27344	0.77344	0.29030	0.58010	0.22689	0.35293	0.17303	0.24359
5	0.16406	0.93750	0.26127	0.84137	0.31765	0.67058	0.31146	0.55505
6	0.05469	0.99219	0.13064	0.97201	0.24706	0.91765	0.31146	0.86652
7	0.00781	1.00000	0.02799	1.00000	0.08235	1.00000	0.13348	1.00000

k	p = 0.80 $B_{n,p}(\{k\})$	$B_{n,p}(\{0;...;k\})$	p = 5/6 $B_{n,p}(\{k\})$	$B_{n,p}(\{0;...;k\})$	p = 0.90 $B_{n,p}(\{k\})$	$B_{n,p}(\{0;...;k\})$	p = 0.95 $B_{n,p}(\{k\})$	$B_{n,p}(\{0;...;k\})$
0	0.00001	0.00001	0.00000	0.00000	0.00000	0.00000	0.00000	0.00000
1	0.00036	0.00037	0.00013	0.00013	0.00001	0.00001	0.00000	0.00000
2	0.00430	0.00467	0.00188	0.00200	0.00017	0.00018	0.00001	0.00001
3	0.02867	0.03334	0.01563	0.01763	0.00255	0.00273	0.00019	0.00019
4	0.11469	0.14803	0.07814	0.09578	0.02296	0.02569	0.00356	0.00376
5	0.27525	0.42328	0.23443	0.33020	0.12400	0.14969	0.04062	0.04438
6	0.36700	0.79028	0.39071	0.72092	0.37201	0.52170	0.25728	0.30166
7	0.20972	1.00000	0.27908	1.00000	0.47830	1.00000	0.69834	1.00000

n = 8

k	p = 0.05 $B_{n,p}(\{k\})$	$B_{n,p}(\{0;...;k\})$	p = 0.10 $B_{n,p}(\{k\})$	$B_{n,p}(\{0;...;k\})$	p = 1/6 $B_{n,p}(\{k\})$	$B_{n,p}(\{0;...;k\})$	p = 0.20 $B_{n,p}(\{k\})$	$B_{n,p}(\{0;...;k\})$
0	0.66342	0.66342	0.43047	0.43047	0.23257	0.23257	0.16777	0.16777
1	0.27933	0.94276	0.38264	0.81310	0.37211	0.60468	0.33554	0.50332
2	0.05146	0.99421	0.14880	0.96191	0.26048	0.86515	0.29360	0.79692
3	0.00542	0.99963	0.03307	0.99498	0.10419	0.96934	0.14680	0.94372
4	0.00036	0.99998	0.00459	0.99957	0.02605	0.99539	0.04588	0.98959
5	0.00002	1.00000	0.00041	0.99998	0.00417	0.99956	0.00918	0.99877
6	0.00000	1.00000	0.00002	1.00000	0.00042	0.99998	0.00115	0.99992
7	0.00000	1.00000	0.00000	1.00000	0.00002	1.00000	0.00008	1.00000
8	0.00000	1.00000	0.00000	1.00000	0.00000	1.00000	0.00000	1.00000

k	p = 0.25 $B_{n,p}(\{k\})$	$B_{n,p}(\{0;...;k\})$	p = 0.30 $B_{n,p}(\{k\})$	$B_{n,p}(\{0;...;k\})$	p = 1/3 $B_{n,p}(\{k\})$	$B_{n,p}(\{0;...;k\})$	p = 0.40 $B_{n,p}(\{k\})$	$B_{n,p}(\{0;...;k\})$
0	0.10011	0.10011	0.05765	0.05765	0.03902	0.03902	0.01680	0.01680
1	0.26697	0.36708	0.19765	0.25530	0.15607	0.19509	0.08958	0.10638
2	0.31146	0.67854	0.29648	0.55177	0.27313	0.46822	0.20902	0.31539
3	0.20764	0.88618	0.25412	0.80590	0.27313	0.74135	0.27869	0.59409
4	0.08652	0.97270	0.13614	0.94203	0.17071	0.91206	0.23224	0.82633

k	p = 0.25 $B_{n,p}(\{k\})$	$B_{n,p}(\{0;\dots;k\})$	p = 0.30 $B_{n,p}(\{k\})$	$B_{n,p}(\{0;\dots;k\})$	p = 1/3 $B_{n,p}(\{k\})$	$B_{n,p}(\{0;\dots;k\})$	p = 0.40 $B_{n,p}(\{k\})$	$B_{n,p}(\{0;\dots;k\})$
5	0.02307	0.99577	0.04668	0.98871	0.06828	0.98034	0.12386	0.95019
6	0.00385	0.99962	0.01000	0.99871	0.01707	0.99741	0.04129	0.99148
7	0.00037	0.99998	0.00122	0.99993	0.00244	0.99985	0.00786	0.99934
8	0.00002	1.00000	0.00007	1.00000	0.00015	1.00000	0.00066	1.00000

k	p = 0.50 $B_{n,p}(\{k\})$	$B_{n,p}(\{0;\dots;k\})$	p = 0.60 $B_{n,p}(\{k\})$	$B_{n,p}(\{0;\dots;k\})$	p = 0.70 $B_{n,p}(\{k\})$	$B_{n,p}(\{0;\dots;k\})$	p = 0.75 $B_{n,p}(\{k\})$	$B_{n,p}(\{0;\dots;k\})$
0	0.00391	0.00391	0.00066	0.00066	0.00007	0.00007	0.00002	0.00002
1	0.03125	0.03516	0.00786	0.00852	0.00122	0.00129	0.00037	0.00038
2	0.10938	0.14453	0.04129	0.04981	0.01000	0.01129	0.00385	0.00423
3	0.21875	0.36328	0.12386	0.17367	0.04668	0.05797	0.02307	0.02730
4	0.27344	0.63672	0.23224	0.40591	0.13614	0.19410	0.08652	0.11382
5	0.21875	0.85547	0.27869	0.68461	0.25412	0.44823	0.20764	0.32146
6	0.10938	0.96484	0.20902	0.89362	0.29648	0.74470	0.31146	0.63292
7	0.03125	0.99609	0.08958	0.98320	0.19765	0.94235	0.26697	0.89989
8	0.00391	1.00000	0.01680	1.00000	0.05765	1.00000	0.10011	1.00000

k	p = 0.80 $B_{n,p}(\{k\})$	$B_{n,p}(\{0;\dots;k\})$	p = 5/6 $B_{n,p}(\{k\})$	$B_{n,p}(\{0;\dots;k\})$	p = 0.90 $B_{n,p}(\{k\})$	$B_{n,p}(\{0;\dots;k\})$	p = 0.95 $B_{n,p}(\{k\})$	$B_{n,p}(\{0;\dots;k\})$
0	0.00000	0.00000	0.00000	0.00000	0.00000	0.00000	0.00000	0.00000
1	0.00008	0.00008	0.00002	0.00002	0.00000	0.00000	0.00000	0.00000
2	0.00115	0.00123	0.00042	0.00044	0.00002	0.00002	0.00000	0.00000
3	0.00918	0.01041	0.00417	0.00461	0.00041	0.00043	0.00002	0.00002
4	0.04588	0.05628	0.02605	0.03066	0.00459	0.00502	0.00036	0.00037
5	0.14680	0.20308	0.10419	0.13485	0.03307	0.03809	0.00542	0.00579
6	0.29360	0.49668	0.26048	0.39532	0.14880	0.18690	0.05146	0.05724
7	0.33554	0.83223	0.37211	0.76743	0.38264	0.56953	0.27933	0.33658
8	0.16777	1.00000	0.23257	1.00000	0.43047	1.00000	0.66342	1.00000

n = 9

k	p = 0.05 $B_{n,p}(\{k\})$	$B_{n,p}(\{0;\dots;k\})$	p = 0.10 $B_{n,p}(\{k\})$	$B_{n,p}(\{0;\dots;k\})$	p = 1/6 $B_{n,p}(\{k\})$	$B_{n,p}(\{0;\dots;k\})$	p = 0.20 $B_{n,p}(\{k\})$	$B_{n,p}(\{0;\dots;k\})$
0	0.63025	0.63025	0.38742	0.38742	0.19381	0.19381	0.13422	0.13422
1	0.29854	0.92879	0.38742	0.77484	0.34885	0.54266	0.30199	0.43621
2	0.06285	0.99164	0.17219	0.94703	0.27908	0.82174	0.30199	0.73820
3	0.00772	0.99936	0.04464	0.99167	0.13024	0.95198	0.17616	0.91436
4	0.00061	0.99997	0.00744	0.99911	0.03907	0.99105	0.06606	0.98042
5	0.00003	1.00000	0.00083	0.99994	0.00781	0.99886	0.01652	0.99693
6	0.00000	1.00000	0.00006	1.00000	0.00104	0.99991	0.00275	0.99969
7	0.00000	1.00000	0.00000	1.00000	0.00009	1.00000	0.00029	0.99998
8	0.00000	1.00000	0.00000	1.00000	0.00000	1.00000	0.00002	1.00000
9	0.00000	1.00000	0.00000	1.00000	0.00000	1.00000	0.00000	1.00000

k	p = 0.25 $B_{n,p}(\{k\})$	$B_{n,p}(\{0;\dots;k\})$	p = 0.30 $B_{n,p}(\{k\})$	$B_{n,p}(\{0;\dots;k\})$	p = 1/3 $B_{n,p}(\{k\})$	$B_{n,p}(\{0;\dots;k\})$	p = 0.40 $B_{n,p}(\{k\})$	$B_{n,p}(\{0;\dots;k\})$
0	0.07508	0.07508	0.04035	0.04035	0.02601	0.02601	0.01008	0.01008
1	0.22525	0.30034	0.15565	0.19600	0.11706	0.14307	0.06047	0.07054
2	0.30034	0.60068	0.26683	0.46283	0.23411	0.37718	0.16124	0.23179
3	0.23360	0.83427	0.26683	0.72966	0.27313	0.65031	0.25082	0.48261
4	0.11680	0.95107	0.17153	0.90119	0.20485	0.85515	0.25082	0.73343
5	0.03893	0.99001	0.07351	0.97471	0.10242	0.95758	0.16722	0.90065
6	0.00865	0.99866	0.02100	0.99571	0.03414	0.99172	0.07432	0.97497
7	0.00124	0.99989	0.00386	0.99957	0.00732	0.99903	0.02123	0.99620
8	0.00010	1.00000	0.00041	0.99998	0.00091	0.99995	0.00354	0.99974
9	0.00000	1.00000	0.00002	1.00000	0.00005	1.00000	0.00026	1.00000

k	p = 0.50 $B_{n,p}(\{k\})$	$B_{n,p}(\{0;\dots;k\})$	p = 0.60 $B_{n,p}(\{k\})$	$B_{n,p}(\{0;\dots;k\})$	p = 0.70 $B_{n,p}(\{k\})$	$B_{n,p}(\{0;\dots;k\})$	p = 0.75 $B_{n,p}(\{k\})$	$B_{n,p}(\{0;\dots;k\})$
0	0.00195	0.00195	0.00026	0.00026	0.00002	0.00002	0.00000	0.00000
1	0.01758	0.01953	0.00354	0.00380	0.00041	0.00043	0.00010	0.00011
2	0.07031	0.08984	0.02123	0.02503	0.00386	0.00429	0.00124	0.00134
3	0.16406	0.25391	0.07432	0.09935	0.02100	0.02529	0.00865	0.00999
4	0.24609	0.50000	0.16722	0.26657	0.07351	0.09881	0.03893	0.04893
5	0.24609	0.74609	0.25082	0.51739	0.17153	0.27034	0.11680	0.16573

k	p = 0.50 $B_{n,p}(\{k\})$	$B_{n,p}(\{0;\dots;k\})$	p = 0.60 $B_{n,p}(\{k\})$	$B_{n,p}(\{0;\dots;k\})$	p = 0.70 $B_{n,p}(\{k\})$	$B_{n,p}(\{0;\dots;k\})$	p = 0.75 $B_{n,p}(\{k\})$	$B_{n,p}(\{0;\dots;k\})$
6	0.16406	0.91016	0.25082	0.76821	0.26683	0.53717	0.23360	0.39932
7	0.07031	0.98047	0.16124	0.92946	0.26683	0.80400	0.30034	0.69966
8	0.01758	0.99805	0.06047	0.98992	0.15565	0.95965	0.22525	0.92492
9	0.00195	1.00000	0.01008	1.00000	0.04035	1.00000	0.07508	1.00000

k	p = 0.80 $B_{n,p}(\{k\})$	$B_{n,p}(\{0;\dots;k\})$	p = 5/6 $B_{n,p}(\{k\})$	$B_{n,p}(\{0;\dots;k\})$	p = 0.90 $B_{n,p}(\{k\})$	$B_{n,p}(\{0;\dots;k\})$	p = 0.95 $B_{n,p}(\{k\})$	$B_{n,p}(\{0;\dots;k\})$
0	0.00000	0.00000	0.00000	0.00000	0.00000	0.00000	0.00000	0.00000
1	0.00002	0.00002	0.00000	0.00000	0.00000	0.00000	0.00000	0.00000
2	0.00029	0.00031	0.00009	0.00009	0.00000	0.00000	0.00000	0.00000
3	0.00275	0.00307	0.00104	0.00114	0.00006	0.00006	0.00000	0.00000
4	0.01652	0.01958	0.00781	0.00895	0.00083	0.00089	0.00003	0.00003
5	0.06606	0.08564	0.03907	0.04802	0.00744	0.00833	0.00061	0.00064
6	0.17616	0.26180	0.13024	0.17826	0.04464	0.05297	0.00772	0.00836
7	0.30199	0.56379	0.27908	0.45734	0.17219	0.22516	0.06285	0.07121
8	0.30199	0.86578	0.34885	0.80619	0.38742	0.61258	0.29854	0.36975
9	0.13422	1.00000	0.19381	1.00000	0.38742	1.00000	0.63025	1.00000

n = 10

k	p = 0.05 $B_{n,p}(\{k\})$	$B_{n,p}(\{0;\dots;k\})$	p = 0.10 $B_{n,p}(\{k\})$	$B_{n,p}(\{0;\dots;k\})$	p = 1/6 $B_{n,p}(\{k\})$	$B_{n,p}(\{0;\dots;k\})$	p = 0.20 $B_{n,p}(\{k\})$	$B_{n,p}(\{0;\dots;k\})$
0	0.59874	0.59874	0.34868	0.34868	0.16151	0.16151	0.10737	0.10737
1	0.31512	0.91386	0.38742	0.73610	0.32301	0.48452	0.26844	0.37581
2	0.07463	0.98850	0.19371	0.92981	0.29071	0.77523	0.30199	0.67780
3	0.01048	0.99897	0.05740	0.98720	0.15505	0.93027	0.20133	0.87913
4	0.00096	0.99994	0.01116	0.99837	0.05427	0.98454	0.08808	0.96721
5	0.00006	1.00000	0.00149	0.99985	0.01302	0.99756	0.02642	0.99363
6	0.00000	1.00000	0.00014	0.99999	0.00217	0.99973	0.00551	0.99914
7	0.00000	1.00000	0.00001	1.00000	0.00025	0.99998	0.00079	0.99992
8	0.00000	1.00000	0.00000	1.00000	0.00002	1.00000	0.00007	1.00000
9	0.00000	1.00000	0.00000	1.00000	0.00000	1.00000	0.00000	1.00000
10	0.00000	1.00000	0.00000	1.00000	0.00000	1.00000	0.00000	1.00000

k	p = 0.25 $B_{n,p}(\{k\})$	$B_{n,p}(\{0;\dots;k\})$	p = 0.30 $B_{n,p}(\{k\})$	$B_{n,p}(\{0;\dots;k\})$	p = 1/3 $B_{n,p}(\{k\})$	$B_{n,p}(\{0;\dots;k\})$	p = 0.40 $B_{n,p}(\{k\})$	$B_{n,p}(\{0;\dots;k\})$
0	0.05631	0.05631	0.02825	0.02825	0.01734	0.01734	0.00605	0.00605
1	0.18771	0.24403	0.12106	0.14931	0.08671	0.10405	0.04031	0.04636
2	0.28157	0.52559	0.23347	0.38278	0.19509	0.29914	0.12093	0.16729
3	0.25028	0.77588	0.26683	0.64961	0.26012	0.55926	0.21499	0.38228
4	0.14600	0.92187	0.20012	0.84973	0.22761	0.78687	0.25082	0.63310
5	0.05840	0.98027	0.10292	0.95265	0.13656	0.92344	0.20066	0.83376
6	0.01622	0.99649	0.03676	0.98941	0.05690	0.98034	0.11148	0.94524
7	0.00309	0.99958	0.00900	0.99841	0.01626	0.99660	0.04247	0.98771
8	0.00039	0.99997	0.00145	0.99986	0.00305	0.99964	0.01062	0.99832
9	0.00003	1.00000	0.00014	0.99999	0.00034	0.99998	0.00157	0.99990
10	0.00000	1.00000	0.00001	1.00000	0.00002	1.00000	0.00010	1.00000

k	p = 0.50 $B_{n,p}(\{k\})$	$B_{n,p}(\{0;\dots;k\})$	p = 0.60 $B_{n,p}(\{k\})$	$B_{n,p}(\{0;\dots;k\})$	p = 0.70 $B_{n,p}(\{k\})$	$B_{n,p}(\{0;\dots;k\})$	p = 0.75 $B_{n,p}(\{k\})$	$B_{n,p}(\{0;\dots;k\})$
0	0.00098	0.00098	0.00010	0.00010	0.00001	0.00001	0.00000	0.00000
1	0.00977	0.01074	0.00157	0.00168	0.00014	0.00014	0.00003	0.00003
2	0.04395	0.05469	0.01062	0.01229	0.00145	0.00159	0.00039	0.00042
3	0.11719	0.17188	0.04247	0.05476	0.00900	0.01059	0.00309	0.00351
4	0.20508	0.37695	0.11148	0.16624	0.03676	0.04735	0.01622	0.01973
5	0.24609	0.62305	0.20066	0.36690	0.10292	0.15027	0.05840	0.07813
6	0.20508	0.82813	0.25082	0.61772	0.20012	0.35039	0.14600	0.22412
7	0.11719	0.94531	0.21499	0.83271	0.26683	0.61722	0.25028	0.47441
8	0.04395	0.98926	0.12093	0.95364	0.23347	0.85069	0.28157	0.75597
9	0.00977	0.99902	0.04031	0.99395	0.12106	0.97175	0.18771	0.94369
10	0.00098	1.00000	0.00605	1.00000	0.02825	1.00000	0.05631	1.00000

T 5

k	p = 0.80 $B_{n,p}(\{k\})$	$B_{n,p}(\{0;...;k\})$	p = 5/6 $B_{n,p}(\{k\})$	$B_{n,p}(\{0;...;k\})$	p = 0.90 $B_{n,p}(\{k\})$	$B_{n,p}(\{0;...;k\})$	p = 0.95 $B_{n,p}(\{k\})$	$B_{n,p}(\{0;...;k\})$
0	0.00000	0.00000	0.00000	0.00000	0.00000	0.00000	0.00000	0.00000
1	0.00000	0.00000	0.00000	0.00000	0.00000	0.00000	0.00000	0.00000
2	0.00007	0.00008	0.00002	0.00002	0.00000	0.00000	0.00000	0.00000
3	0.00079	0.00086	0.00025	0.00027	0.00001	0.00001	0.00000	0.00000
4	0.00551	0.00637	0.00217	0.00244	0.00014	0.00015	0.00000	0.00000
5	0.02642	0.03279	0.01302	0.01546	0.00149	0.00163	0.00006	0.00006
6	0.08808	0.12087	0.05427	0.06973	0.01116	0.01280	0.00096	0.00103
7	0.20133	0.32220	0.15505	0.22477	0.05740	0.07019	0.01048	0.01150
8	0.30199	0.62419	0.29071	0.51548	0.19371	0.26390	0.07463	0.08614
9	0.26844	0.89263	0.32301	0.83849	0.38742	0.65132	0.31512	0.40126
10	0.10737	1.00000	0.16151	1.00000	0.34868	1.00000	0.59874	1.00000

n = 15

k	p = 0.05 $B_{n,p}(\{k\})$	$B_{n,p}(\{0;...;k\})$	p = 0.10 $B_{n,p}(\{k\})$	$B_{n,p}(\{0;...;k\})$	p = 1/6 $B_{n,p}(\{k\})$	$B_{n,p}(\{0;...;k\})$	p = 0.20 $B_{n,p}(\{k\})$	$B_{n,p}(\{0;...;k\})$
0	0.46329	0.46329	0.20589	0.20589	0.06491	0.06491	0.03518	0.03518
1	0.36576	0.82905	0.34315	0.54904	0.19472	0.25962	0.13194	0.16713
2	0.13475	0.96380	0.26690	0.81594	0.27260	0.53222	0.23090	0.39802
3	0.03073	0.99453	0.12851	0.94444	0.23626	0.76848	0.25014	0.64816
4	0.00485	0.99939	0.04284	0.98728	0.14175	0.91023	0.18760	0.83577
5	0.00056	0.99995	0.01047	0.99775	0.06237	0.97261	0.10318	0.93895
6	0.00005	1.00000	0.00194	0.99969	0.02079	0.99340	0.04299	0.98194
7	0.00000	1.00000	0.00028	0.99997	0.00535	0.99874	0.01382	0.99576
8	0.00000	1.00000	0.00003	1.00000	0.00107	0.99981	0.00345	0.99922
9	0.00000	1.00000	0.00000	1.00000	0.00017	0.99998	0.00067	0.99989
10	0.00000	1.00000	0.00000	1.00000	0.00002	1.00000	0.00010	0.99999
11	0.00000	1.00000	0.00000	1.00000	0.00000	1.00000	0.00001	1.00000

k	p = 0.25 $B_{n,p}(\{k\})$	$B_{n,p}(\{0;...;k\})$	p = 0.30 $B_{n,p}(\{k\})$	$B_{n,p}(\{0;...;k\})$	p = 1/3 $B_{n,p}(\{k\})$	$B_{n,p}(\{0;...;k\})$	p = 0.40 $B_{n,p}(\{k\})$	$B_{n,p}(\{0;...;k\})$
0	0.01336	0.01336	0.00475	0.00475	0.00228	0.00228	0.00047	0.00047
1	0.06682	0.08018	0.03052	0.03527	0.01713	0.01941	0.00470	0.00517
2	0.15591	0.23609	0.09156	0.12683	0.05995	0.07936	0.02194	0.02711
3	0.22520	0.46129	0.17004	0.29687	0.12988	0.20924	0.06339	0.09050
4	0.22520	0.68649	0.21862	0.51549	0.19482	0.40406	0.12678	0.21728
5	0.16515	0.85163	0.20613	0.72162	0.21431	0.61837	0.18594	0.40322
6	0.09175	0.94338	0.14724	0.86886	0.17859	0.79696	0.20660	0.60981
7	0.03932	0.98270	0.08113	0.94999	0.11481	0.91177	0.17708	0.78690
8	0.01311	0.99581	0.03477	0.98476	0.05740	0.96917	0.11806	0.90495
9	0.00340	0.99921	0.01159	0.99635	0.02232	0.99150	0.06121	0.96617
10	0.00068	0.99988	0.00298	0.99933	0.00670	0.99819	0.02449	0.99065
11	0.00010	0.99999	0.00058	0.99991	0.00152	0.99971	0.00742	0.99807
12	0.00001	1.00000	0.00008	0.99999	0.00025	0.99997	0.00165	0.99972
13	0.00000	1.00000	0.00001	1.00000	0.00003	1.00000	0.00025	0.99997
14	0.00000	1.00000	0.00000	1.00000	0.00000	1.00000	0.00002	1.00000

k	p = 0.50 $B_{n,p}(\{k\})$	$B_{n,p}(\{0;...;k\})$	p = 0.60 $B_{n,p}(\{k\})$	$B_{n,p}(\{0;...;k\})$	p = 0.70 $B_{n,p}(\{k\})$	$B_{n,p}(\{0;...;k\})$	p = 0.75 $B_{n,p}(\{k\})$	$B_{n,p}(\{0;...;k\})$
0	0.00003	0.00003	0.00000	0.00000	0.00000	0.00000	0.00000	0.00000
1	0.00046	0.00049	0.00002	0.00003	0.00000	0.00000	0.00000	0.00000
2	0.00320	0.00369	0.00025	0.00028	0.00001	0.00001	0.00000	0.00000
3	0.01389	0.01758	0.00165	0.00193	0.00008	0.00009	0.00001	0.00001
4	0.04166	0.05923	0.00742	0.00935	0.00058	0.00067	0.00010	0.00012
5	0.09164	0.15088	0.02449	0.03383	0.00298	0.00365	0.00068	0.00079
6	0.15274	0.30362	0.06121	0.09505	0.01159	0.01524	0.00340	0.00419
7	0.19638	0.50000	0.11806	0.21310	0.03477	0.05001	0.01311	0.01730
8	0.19638	0.69638	0.17708	0.39019	0.08113	0.13114	0.03932	0.05662
9	0.15274	0.84912	0.20660	0.59678	0.14724	0.27838	0.09175	0.14837
10	0.09164	0.94077	0.18594	0.78272	0.20613	0.48451	0.16515	0.31351
11	0.04166	0.98242	0.12678	0.90950	0.21862	0.70313	0.22520	0.53871
12	0.01389	0.99631	0.06339	0.97289	0.17004	0.87317	0.22520	0.76391
13	0.00320	0.99951	0.02194	0.99483	0.09156	0.96473	0.15591	0.91982
14	0.00046	0.99997	0.00470	0.99953	0.03052	0.99525	0.06682	0.98664
15	0.00003	1.00000	0.00047	1.00000	0.00475	1.00000	0.01336	1.00000

T 5

k	$p = 0.80$ $B_{n,p}(\{k\})$	$B_{n,p}(\{0; \ldots; k\})$	$p = 5/6$ $B_{n,p}(\{k\})$	$B_{n,p}(\{0; \ldots; k\})$	$p = 0.90$ $B_{n,p}(\{k\})$	$B_{n,p}(\{0; \ldots; k\})$	$p = 0.95$ $B_{n,p}(\{k\})$	$B_{n,p}(\{0; \ldots; k\})$
4	0.00001	0.00001	0.00000	0.00000	0.00000	0.00000	0.00000	0.00000
5	0.00010	0.00011	0.00002	0.00002	0.00000	0.00000	0.00000	0.00000
6	0.00067	0.00078	0.00017	0.00019	0.00000	0.00000	0.00000	0.00000
7	0.00345	0.00424	0.00107	0.00126	0.00003	0.00003	0.00000	0.00000
8	0.01382	0.01806	0.00535	0.00660	0.00028	0.00031	0.00000	0.00000
9	0.04299	0.06105	0.02079	0.02739	0.00194	0.00225	0.00005	0.00005
10	0.10318	0.16423	0.06237	0.08977	0.01047	0.01272	0.00056	0.00061
11	0.18760	0.35184	0.14175	0.23152	0.04284	0.05556	0.00485	0.00547
12	0.25014	0.60198	0.23626	0.46778	0.12851	0.18406	0.03073	0.03620
13	0.23090	0.83287	0.27260	0.74038	0.26690	0.45096	0.13475	0.17095
14	0.13194	0.96482	0.19472	0.93509	0.34315	0.79411	0.36576	0.53671
15	0.03518	1.00000	0.06491	1.00000	0.20589	1.00000	0.46329	1.00000

n = 20

k	$p = 0.05$ $B_{n,p}(\{k\})$	$B_{n,p}(\{0; \ldots; k\})$	$p = 0.10$ $B_{n,p}(\{k\})$	$B_{n,p}(\{0; \ldots; k\})$	$p = 1/6$ $B_{n,p}(\{k\})$	$B_{n,p}(\{0; \ldots; k\})$	$p = 0.20$ $B_{n,p}(\{k\})$	$B_{n,p}(\{0; \ldots; k\})$
0	0.35849	0.35849	0.12158	0.12158	0.02608	0.02608	0.01153	0.01153
1	0.37735	0.73584	0.27017	0.39175	0.10434	0.13042	0.05765	0.06918
2	0.18868	0.92452	0.28518	0.67693	0.19824	0.32866	0.13691	0.20608
3	0.05958	0.98410	0.19012	0.86705	0.23789	0.56655	0.20536	0.41145
4	0.01333	0.99743	0.08978	0.95683	0.20220	0.76875	0.21820	0.62965
5	0.00224	0.99967	0.03192	0.98875	0.12941	0.89816	0.17456	0.80421
6	0.00030	0.99997	0.00887	0.99761	0.06471	0.96286	0.10910	0.91331
7	0.00003	1.00000	0.00197	0.99958	0.02588	0.98875	0.05455	0.96786
8	0.00000	1.00000	0.00036	0.99994	0.00841	0.99716	0.02216	0.99002
9	0.00000	1.00000	0.00005	0.99999	0.00224	0.99940	0.00739	0.99741
10	0.00000	1.00000	0.00001	1.00000	0.00049	0.99989	0.00203	0.99944
11	0.00000	1.00000	0.00000	1.00000	0.00009	0.99998	0.00046	0.99990
12	0.00000	1.00000	0.00000	1.00000	0.00001	1.00000	0.00009	0.99998
13	0.00000	1.00000	0.00000	1.00000	0.00000	1.00000	0.00001	1.00000

k	$p = 0.25$ $B_{n,p}(\{k\})$	$B_{n,p}(\{0; \ldots; k\})$	$p = 0.30$ $B_{n,p}(\{k\})$	$B_{n,p}(\{0; \ldots; k\})$	$p = 1/3$ $B_{n,p}(\{k\})$	$B_{n,p}(\{0; \ldots; k\})$	$p = 0.40$ $B_{n,p}(\{k\})$	$B_{n,p}(\{0; \ldots; k\})$
0	0.00317	0.00317	0.00080	0.00080	0.00030	0.00030	0.00004	0.00004
1	0.02114	0.02431	0.00684	0.00764	0.00301	0.00331	0.00049	0.00052
2	0.06695	0.09126	0.02785	0.03548	0.01428	0.01759	0.00309	0.00361
3	0.13390	0.22516	0.07160	0.10709	0.04285	0.06045	0.01235	0.01596
4	0.18969	0.41484	0.13042	0.23751	0.09106	0.15151	0.03499	0.05095
5	0.20233	0.61717	0.17886	0.41637	0.14570	0.29721	0.07465	0.12560
6	0.16861	0.78578	0.19164	0.60801	0.18213	0.47934	0.12441	0.25001
7	0.11241	0.89819	0.16426	0.77227	0.18213	0.66147	0.16588	0.41589
8	0.06089	0.95907	0.11440	0.88667	0.14798	0.80945	0.17971	0.59560
9	0.02706	0.98614	0.06537	0.95204	0.09865	0.90810	0.15974	0.75534
10	0.00992	0.99606	0.03082	0.98286	0.05426	0.96236	0.11714	0.87248
11	0.00301	0.99906	0.01201	0.99486	0.02466	0.98703	0.07099	0.94347
12	0.00075	0.99982	0.00386	0.99872	0.00925	0.99628	0.03550	0.97897
13	0.00015	0.99997	0.00102	0.99974	0.00285	0.99912	0.01456	0.99353
14	0.00003	1.00000	0.00022	0.99996	0.00071	0.99983	0.00485	0.99839
15	0.00000	1.00000	0.00004	0.99999	0.00014	0.99997	0.00129	0.99968
16	0.00000	1.00000	0.00001	1.00000	0.00002	1.00000	0.00027	0.99995
17	0.00000	1.00000	0.00000	1.00000	0.00000	1.00000	0.00004	0.99999
18	0.00000	1.00000	0.00000	1.00000	0.00000	1.00000	0.00000	1.00000

k	$p = 0.50$ $B_{n,p}(\{k\})$	$B_{n,p}(\{0; \ldots; k\})$	$p = 0.60$ $B_{n,p}(\{k\})$	$B_{n,p}(\{0; \ldots; k\})$	$p = 0.70$ $B_{n,p}(\{k\})$	$B_{n,p}(\{0; \ldots; k\})$	$p = 0.75$ $B_{n,p}(\{k\})$	$B_{n,p}(\{0; \ldots; k\})$
1	0.00002	0.00002	0.00000	0.00000	0.00000	0.00000	0.00000	0.00000
2	0.00018	0.00020	0.00000	0.00001	0.00000	0.00000	0.00000	0.00000
3	0.00109	0.00129	0.00004	0.00005	0.00000	0.00000	0.00000	0.00000
4	0.00462	0.00591	0.00027	0.00032	0.00001	0.00001	0.00000	0.00000
5	0.01479	0.02069	0.00129	0.00161	0.00004	0.00004	0.00000	0.00000
6	0.03696	0.05766	0.00485	0.00647	0.00022	0.00026	0.00003	0.00003
7	0.07393	0.13159	0.01456	0.02103	0.00102	0.00128	0.00015	0.00018
8	0.12013	0.25172	0.03550	0.05653	0.00386	0.00514	0.00075	0.00094
9	0.16018	0.41190	0.07099	0.12752	0.01201	0.01714	0.00301	0.00394
10	0.17620	0.58810	0.11714	0.24466	0.03082	0.04796	0.00992	0.01386

n = 20

k	p = 0.50 $B_{n,p}(\{k\})$	$B_{n,p}(\{0;...;k\})$	p = 0.60 $B_{n,p}(\{k\})$	$B_{n,p}(\{0;...;k\})$	p = 0.70 $B_{n,p}(\{k\})$	$B_{n,p}(\{0;...;k\})$	p = 0.75 $B_{n,p}(\{k\})$	$B_{n,p}(\{0;...;k\})$
11	0.16018	0.74828	0.15974	0.40440	0.06537	0.11333	0.02706	0.04093
12	0.12013	0.86841	0.17971	0.58411	0.11440	0.22773	0.06089	0.10181
13	0.07393	0.94234	0.16588	0.74999	0.16426	0.39199	0.11241	0.21422
14	0.03696	0.97931	0.12441	0.87440	0.19164	0.58363	0.16861	0.38283
15	0.01479	0.99409	0.07465	0.94905	0.17886	0.76249	0.20233	0.58516
16	0.00462	0.99871	0.03499	0.98404	0.13042	0.89291	0.18969	0.77484
17	0.00109	0.99980	0.01235	0.99639	0.07160	0.96452	0.13390	0.90874
18	0.00018	0.99998	0.00309	0.99948	0.02785	0.99236	0.06695	0.97569
19	0.00002	1.00000	0.00049	0.99996	0.00684	0.99920	0.02114	0.99683
20	0.00000	1.00000	0.00004	1.00000	0.00080	1.00000	0.00317	1.00000

k	p = 0.80 $B_{n,p}(\{k\})$	$B_{n,p}(\{0;...;k\})$	p = 5/6 $B_{n,p}(\{k\})$	$B_{n,p}(\{0;...;k\})$	p = 0.90 $B_{n,p}(\{k\})$	$B_{n,p}(\{0;...;k\})$	p = 0.95 $B_{n,p}(\{k\})$	$B_{n,p}(\{0;...;k\})$
7	0.00001	0.00002	0.00000	0.00000	0.00000	0.00000	0.00000	0.00000
8	0.00009	0.00010	0.00001	0.00002	0.00000	0.00000	0.00000	0.00000
9	0.00046	0.00056	0.00009	0.00011	0.00000	0.00000	0.00000	0.00000
10	0.00203	0.00259	0.00049	0.00060	0.00001	0.00001	0.00000	0.00000
11	0.00739	0.00998	0.00224	0.00284	0.00005	0.00006	0.00000	0.00000
12	0.02216	0.03214	0.00841	0.01125	0.00036	0.00042	0.00000	0.00000
13	0.05455	0.08669	0.02588	0.03714	0.00197	0.00239	0.00003	0.00003
14	0.10910	0.19579	0.06471	0.10184	0.00887	0.01125	0.00030	0.00033
15	0.17456	0.37035	0.12941	0.23125	0.03192	0.04317	0.00224	0.00257
16	0.21820	0.58855	0.20220	0.43345	0.08978	0.13295	0.01333	0.01590
17	0.20536	0.79392	0.23789	0.67134	0.19012	0.32307	0.05958	0.07548
18	0.13691	0.93082	0.19824	0.86958	0.28518	0.60825	0.18868	0.26416
19	0.05765	0.98847	0.10434	0.97392	0.27017	0.87842	0.37735	0.64151
20	0.01153	1.00000	0.02608	1.00000	0.12158	1.00000	0.35849	1.00000

n = 25

k	p = 0.05 $B_{n,p}(\{k\})$	$B_{n,p}(\{0;...;k\})$	p = 0.10 $B_{n,p}(\{k\})$	$B_{n,p}(\{0;...;k\})$	p = 1/6 $B_{n,p}(\{k\})$	$B_{n,p}(\{0;...;k\})$	p = 0.20 $B_{n,p}(\{k\})$	$B_{n,p}(\{0;...;k\})$
0	0.27739	0.27739	0.07179	0.07179	0.01048	0.01048	0.00378	0.00378
1	0.36499	0.64238	0.19942	0.27121	0.05241	0.06290	0.02361	0.02739
2	0.23052	0.87289	0.26589	0.53709	0.12579	0.18869	0.07084	0.09823
3	0.09302	0.96591	0.22650	0.76359	0.19288	0.38157	0.13577	0.23399
4	0.02693	0.99284	0.13842	0.90201	0.21217	0.59373	0.18668	0.42067
5	0.00595	0.99879	0.06459	0.96660	0.17822	0.77196	0.19602	0.61669
6	0.00104	0.99983	0.02392	0.99052	0.11881	0.89077	0.16335	0.78004
7	0.00015	0.99998	0.00722	0.99774	0.06450	0.95527	0.11084	0.89088
8	0.00002	1.00000	0.00180	0.99954	0.02902	0.98429	0.06235	0.95323
9	0.00000	1.00000	0.00038	0.99992	0.01096	0.99526	0.02944	0.98267
10	0.00000	1.00000	0.00007	0.99999	0.00351	0.99877	0.01178	0.99445
11	0.00000	1.00000	0.00001	1.00000	0.00096	0.99972	0.00401	0.99846
12	0.00000	1.00000	0.00000	1.00000	0.00022	0.99995	0.00117	0.99963
13	0.00000	1.00000	0.00000	1.00000	0.00004	0.99999	0.00029	0.99992
14	0.00000	1.00000	0.00000	1.00000	0.00001	1.00000	0.00006	0.99999
15	0.00000	1.00000	0.00000	1.00000	0.00000	1.00000	0.00001	1.00000

k	p = 0.25 $B_{n,p}(\{k\})$	$B_{n,p}(\{0;...;k\})$	p = 0.30 $B_{n,p}(\{k\})$	$B_{n,p}(\{0;...;k\})$	p = 1/3 $B_{n,p}(\{k\})$	$B_{n,p}(\{0;...;k\})$	p = 0.40 $B_{n,p}(\{k\})$	$B_{n,p}(\{0;...;k\})$
0	0.00075	0.00075	0.00013	0.00013	0.00004	0.00004	0.00000	0.00000
1	0.00627	0.00702	0.00144	0.00157	0.00050	0.00053	0.00005	0.00005
2	0.02508	0.03211	0.00739	0.00896	0.00297	0.00350	0.00038	0.00043
3	0.06411	0.09621	0.02428	0.03324	0.01139	0.01489	0.00194	0.00237
4	0.11753	0.21374	0.05723	0.09047	0.03131	0.04620	0.00710	0.00947
5	0.16454	0.37828	0.10302	0.19349	0.06575	0.11195	0.01989	0.02936
6	0.18282	0.56110	0.14717	0.34065	0.10959	0.22154	0.04420	0.07357
7	0.16541	0.72651	0.17119	0.51185	0.14872	0.37026	0.07999	0.15355
8	0.12406	0.85056	0.16508	0.67693	0.16732	0.53758	0.11998	0.27353
9	0.07811	0.92867	0.13364	0.81056	0.15802	0.69560	0.15109	0.42462
10	0.04166	0.97033	0.09164	0.90220	0.12642	0.82201	0.16116	0.58577
11	0.01894	0.98927	0.05355	0.95575	0.08619	0.90821	0.14651	0.73228
12	0.00736	0.99663	0.02678	0.98253	0.05028	0.95849	0.11395	0.84623
13	0.00245	0.99908	0.01148	0.99401	0.02514	0.98363	0.07597	0.92220
14	0.00070	0.99979	0.00422	0.99822	0.01077	0.99440	0.04341	0.96561

k	p = 0.25 $B_{n,p}(\{k\})$	$B_{n,p}(\{0;\dots;k\})$	p = 0.30 $B_{n,p}(\{k\})$	$B_{n,p}(\{0;\dots;k\})$	p = 1/3 $B_{n,p}(\{k\})$	$B_{n,p}(\{0;\dots;k\})$	p = 0.40 $B_{n,p}(\{k\})$	$B_{n,p}(\{0;\dots;k\})$
15	0.00017	0.99996	0.00132	0.99955	0.00395	0.99835	0.02122	0.98683
16	0.00004	0.99999	0.00035	0.99990	0.00123	0.99958	0.00884	0.99567
17	0.00001	1.00000	0.00008	0.99998	0.00033	0.99991	0.00312	0.99879
18	0.00000	1.00000	0.00002	1.00000	0.00007	0.99998	0.00092	0.99972
19	0.00000	1.00000	0.00000	1.00000	0.00001	1.00000	0.00023	0.99995
20	0.00000	1.00000	0.00000	1.00000	0.00000	1.00000	0.00005	0.99999
21	0.00000	1.00000	0.00000	1.00000	0.00000	1.00000	0.00001	1.00000

k	p = 0.50 $B_{n,p}(\{k\})$	$B_{n,p}(\{0;\dots;k\})$	p = 0.60 $B_{n,p}(\{k\})$	$B_{n,p}(\{0;\dots;k\})$	p = 0.70 $B_{n,p}(\{k\})$	$B_{n,p}(\{0;\dots;k\})$	p = 0.75 $B_{n,p}(\{k\})$	$B_{n,p}(\{0;\dots;k\})$
2	0.00001	0.00001	0.00000	0.00000	0.00000	0.00000	0.00000	0.00000
3	0.00007	0.00008	0.00000	0.00000	0.00000	0.00000	0.00000	0.00000
4	0.00038	0.00046	0.00001	0.00001	0.00000	0.00000	0.00000	0.00000
5	0.00158	0.00204	0.00005	0.00005	0.00000	0.00000	0.00000	0.00000
6	0.00528	0.00732	0.00023	0.00028	0.00000	0.00000	0.00000	0.00000
7	0.01433	0.02164	0.00092	0.00121	0.00002	0.00002	0.00000	0.00000
8	0.03223	0.05388	0.00312	0.00433	0.00008	0.00010	0.00001	0.00001
9	0.06089	0.11476	0.00884	0.01317	0.00035	0.00045	0.00004	0.00004
10	0.09742	0.21218	0.02122	0.03439	0.00132	0.00178	0.00017	0.00021
11	0.13284	0.34502	0.04341	0.07780	0.00422	0.00599	0.00070	0.00092
12	0.15498	0.50000	0.07597	0.15377	0.01148	0.01747	0.00245	0.00337
13	0.15498	0.65498	0.11395	0.26772	0.02678	0.04425	0.00736	0.01073
14	0.13284	0.78782	0.14651	0.41423	0.05355	0.09780	0.01894	0.02967
15	0.09742	0.88524	0.16116	0.57538	0.09164	0.18944	0.04166	0.07133
16	0.06089	0.94612	0.15109	0.72647	0.13364	0.32307	0.07811	0.14944
17	0.03223	0.97836	0.11998	0.84645	0.16508	0.48815	0.12406	0.27349
18	0.01433	0.99268	0.07999	0.92643	0.17119	0.65935	0.16541	0.43890
19	0.00528	0.99796	0.04420	0.97064	0.14717	0.80651	0.18282	0.62172
20	0.00158	0.99954	0.01989	0.99053	0.10302	0.90953	0.16454	0.78626
21	0.00038	0.99992	0.00710	0.99763	0.05723	0.96676	0.11753	0.90379
22	0.00007	0.99999	0.00194	0.99957	0.02428	0.99104	0.06411	0.96789
23	0.00001	1.00000	0.00038	0.99995	0.00739	0.99843	0.02508	0.99298
24	0.00000	1.00000	0.00005	1.00000	0.00144	0.99987	0.00627	0.99925
25	0.00000	1.00000	0.00000	1.00000	0.00013	1.00000	0.00075	1.00000

k	p = 0.80 $B_{n,p}(\{k\})$	$B_{n,p}(\{0;\dots;k\})$	p = 5/6 $B_{n,p}(\{k\})$	$B_{n,p}(\{0;\dots;k\})$	p = 0.90 $B_{n,p}(\{k\})$	$B_{n,p}(\{0;\dots;k\})$	p = 0.95 $B_{n,p}(\{k\})$	$B_{n,p}(\{0;\dots;k\})$
10	0.00001	0.00001	0.00000	0.00000	0.00000	0.00000	0.00000	0.00000
11	0.00006	0.00008	0.00001	0.00001	0.00000	0.00000	0.00000	0.00000
12	0.00029	0.00037	0.00004	0.00005	0.00000	0.00000	0.00000	0.00000
13	0.00117	0.00154	0.00022	0.00028	0.00000	0.00000	0.00000	0.00000
14	0.00401	0.00555	0.00096	0.00123	0.00001	0.00001	0.00000	0.00000
15	0.01178	0.01733	0.00351	0.00474	0.00007	0.00008	0.00000	0.00000
16	0.02944	0.04677	0.01096	0.01571	0.00038	0.00046	0.00000	0.00000
17	0.06235	0.10912	0.02902	0.04473	0.00180	0.00226	0.00002	0.00002
18	0.11084	0.21996	0.06450	0.10923	0.00722	0.00948	0.00015	0.00017
19	0.16335	0.38331	0.11881	0.22804	0.02392	0.03340	0.00104	0.00121
20	0.19602	0.57933	0.17822	0.40627	0.06459	0.09799	0.00595	0.00716
21	0.18668	0.76601	0.21217	0.61843	0.13842	0.23641	0.02693	0.03409
22	0.13577	0.90177	0.19288	0.81131	0.22650	0.46291	0.09302	0.12711
23	0.07084	0.97261	0.12579	0.93710	0.26589	0.72879	0.23052	0.35762
24	0.02361	0.99622	0.05241	0.98952	0.19942	0.92821	0.36499	0.72261
25	0.00378	1.00000	0.01048	1.00000	0.07179	1.00000	0.27739	1.00000

T 5

n = 50

k	p = 0.05 $B_{n,p}(\{k\})$	$B_{n,p}(\{0;\dots;k\})$	p = 0.10 $B_{n,p}(\{k\})$	$B_{n,p}(\{0;\dots;k\})$	p = 1/6 $B_{n,p}(\{k\})$	$B_{n,p}(\{0;\dots;k\})$	p = 0.20 $B_{n,p}(\{k\})$	$B_{n,p}(\{0;\dots;k\})$
0	0.07694	0.07694	0.00515	0.00515	0.00011	0.00011	0.00001	0.00001
1	0.20249	0.27943	0.02863	0.03379	0.00110	0.00121	0.00018	0.00019
2	0.26110	0.54053	0.07794	0.11173	0.00538	0.00659	0.00109	0.00129
3	0.21987	0.76041	0.13857	0.25029	0.01723	0.02382	0.00437	0.00566
4	0.13598	0.89638	0.18090	0.43120	0.04049	0.06431	0.01284	0.01850
5	0.06584	0.96222	0.18492	0.61612	0.07450	0.13882	0.02953	0.04803
6	0.02599	0.98821	0.15410	0.77023	0.11175	0.25057	0.05537	0.10340
7	0.00860	0.99681	0.10763	0.87785	0.14049	0.39106	0.08701	0.19041

k	$p = 0.05$ $B_{n,p}(\{k\})$	$B_{n,p}(\{0;\dots;k\})$	$p = 0.10$ $B_{n,p}(\{k\})$	$B_{n,p}(\{0;\dots;k\})$	$p = 1/6$ $B_{n,p}(\{k\})$	$B_{n,p}(\{0;\dots;k\})$	$p = 0.20$ $B_{n,p}(\{k\})$	$B_{n,p}(\{0;\dots;k\})$
8	0.00243	0.99924	0.06428	0.94213	0.15103	0.54209	0.11692	0.30733
9	0.00060	0.99984	0.03333	0.97546	0.14096	0.68304	0.13641	0.44374
10	0.00013	0.99997	0.01518	0.99065	0.11559	0.79863	0.13982	0.58356
11	0.00002	1.00000	0.00613	0.99678	0.08406	0.88269	0.12711	0.71067
12	0.00000	1.00000	0.00222	0.99900	0.05464	0.93733	0.10328	0.81394
13	0.00000	1.00000	0.00072	0.99971	0.03194	0.96928	0.07547	0.88941
14	0.00000	1.00000	0.00021	0.99993	0.01688	0.98616	0.04986	0.93928
15	0.00000	1.00000	0.00006	0.99998	0.00810	0.99427	0.02992	0.96920
16	0.00000	1.00000	0.00001	1.00000	0.00355	0.99781	0.01636	0.98556
17	0.00000	1.00000	0.00000	1.00000	0.00142	0.99923	0.00818	0.99374
18	0.00000	1.00000	0.00000	1.00000	0.00052	0.99975	0.00375	0.99749
19	0.00000	1.00000	0.00000	1.00000	0.00018	0.99992	0.00158	0.99907
20	0.00000	1.00000	0.00000	1.00000	0.00005	0.99998	0.00061	0.99968
21	0.00000	1.00000	0.00000	1.00000	0.00002	0.99999	0.00022	0.99990
22	0.00000	1.00000	0.00000	1.00000	0.00000	1.00000	0.00007	0.99997
23	0.00000	1.00000	0.00000	1.00000	0.00000	1.00000	0.00002	0.99999
24	0.00000	1.00000	0.00000	1.00000	0.00000	1.00000	0.00001	1.00000

k	$p = 0.25$ $B_{n,p}(\{k\})$	$B_{n,p}(\{0;\dots;k\})$	$p = 0.30$ $B_{n,p}(\{k\})$	$B_{n,p}(\{0;\dots;k\})$	$p = 1/3$ $B_{n,p}(\{k\})$	$B_{n,p}(\{0;\dots;k\})$	$p = 0.40$ $B_{n,p}(\{k\})$	$B_{n,p}(\{0;\dots;k\})$
1	0.00001	0.00001	0.00000	0.00000	0.00000	0.00000	0.00000	0.00000
2	0.00008	0.00009	0.00000	0.00000	0.00000	0.00000	0.00000	0.00000
3	0.00041	0.00050	0.00003	0.00003	0.00000	0.00000	0.00000	0.00000
4	0.00161	0.00211	0.00014	0.00017	0.00002	0.00003	0.00000	0.00000
5	0.00494	0.00705	0.00055	0.00072	0.00010	0.00013	0.00000	0.00000
6	0.01234	0.01939	0.00177	0.00249	0.00039	0.00052	0.00001	0.00001
7	0.02586	0.04526	0.00477	0.00726	0.00122	0.00174	0.00005	0.00006
8	0.04634	0.09160	0.01099	0.01825	0.00329	0.00503	0.00017	0.00023
9	0.07209	0.16368	0.02198	0.04023	0.00767	0.01271	0.00053	0.00076
10	0.09852	0.26220	0.03862	0.07885	0.01573	0.02844	0.00144	0.00220
11	0.11942	0.38162	0.06019	0.13904	0.02860	0.05705	0.00349	0.00569
12	0.12937	0.51099	0.08383	0.22287	0.04648	0.10353	0.00756	0.01325
13	0.12605	0.63704	0.10502	0.32788	0.06794	0.17147	0.01474	0.02799
14	0.11104	0.74808	0.11895	0.44683	0.08977	0.26124	0.02597	0.05396
15	0.08884	0.83692	0.12235	0.56918	0.10773	0.36897	0.04155	0.09550
16	0.06478	0.90169	0.11470	0.68388	0.11783	0.48679	0.06059	0.15609
17	0.04318	0.94488	0.09831	0.78219	0.11783	0.60462	0.08079	0.23688
18	0.02639	0.97127	0.07725	0.85944	0.10801	0.71263	0.09874	0.33561
19	0.01482	0.98608	0.05576	0.91520	0.09095	0.80359	0.11086	0.44648
20	0.00765	0.99374	0.03704	0.95224	0.07049	0.87408	0.11456	0.56103
21	0.00365	0.99738	0.02268	0.97491	0.05035	0.92443	0.10910	0.67014
22	0.00160	0.99898	0.01281	0.98772	0.03319	0.95761	0.09588	0.76602
23	0.00065	0.99963	0.00668	0.99441	0.02020	0.97781	0.07781	0.84383
24	0.00024	0.99988	0.00322	0.99763	0.01136	0.98917	0.05836	0.90219
25	0.00008	0.99996	0.00144	0.99907	0.00591	0.99508	0.04046	0.94266
26	0.00003	0.99999	0.00059	0.99966	0.00284	0.99792	0.02594	0.96859
27	0.00001	1.00000	0.00023	0.99988	0.00126	0.99918	0.01537	0.98397
28	0.00000	1.00000	0.00008	0.99996	0.00052	0.99970	0.00842	0.99238
29	0.00000	1.00000	0.00003	0.99999	0.00020	0.99990	0.00426	0.99664
30	0.00000	1.00000	0.00001	1.00000	0.00007	0.99997	0.00199	0.99863
31	0.00000	1.00000	0.00000	1.00000	0.00002	0.99999	0.00085	0.99948
32	0.00000	1.00000	0.00000	1.00000	0.00001	1.00000	0.00034	0.99982
33	0.00000	1.00000	0.00000	1.00000	0.00000	1.00000	0.00012	0.99994
34	0.00000	1.00000	0.00000	1.00000	0.00000	1.00000	0.00004	0.99998
35	0.00000	1.00000	0.00000	1.00000	0.00000	1.00000	0.00001	1.00000

k	$p = 0.50$ $B_{n,p}(\{k\})$	$B_{n,p}(\{0;\dots;k\})$	$p = 0.60$ $B_{n,p}(\{k\})$	$B_{n,p}(\{0;\dots;k\})$	$p = 0.70$ $B_{n,p}(\{k\})$	$B_{n,p}(\{0;\dots;k\})$	$p = 0.75$ $B_{n,p}(\{k\})$	$B_{n,p}(\{0;\dots;k\})$
10	0.00001	0.00001	0.00000	0.00000	0.00000	0.00000	0.00000	0.00000
11	0.00003	0.00005	0.00000	0.00000	0.00000	0.00000	0.00000	0.00000
12	0.00011	0.00015	0.00000	0.00000	0.00000	0.00000	0.00000	0.00000
13	0.00032	0.00047	0.00000	0.00000	0.00000	0.00000	0.00000	0.00000
14	0.00083	0.00130	0.00000	0.00000	0.00000	0.00000	0.00000	0.00000
15	0.00200	0.00330	0.00001	0.00002	0.00000	0.00000	0.00000	0.00000
16	0.00437	0.00767	0.00004	0.00006	0.00000	0.00000	0.00000	0.00000
17	0.00875	0.01642	0.00012	0.00018	0.00000	0.00000	0.00000	0.00000
18	0.01603	0.03245	0.00034	0.00052	0.00000	0.00000	0.00000	0.00000

T 5

k	p = 0.50 $B_{n,p}(\{k\})$	$B_{n,p}(\{0; \ldots; k\})$	p = 0.60 $B_{n,p}(\{k\})$	$B_{n,p}(\{0; \ldots; k\})$	p = 0.70 $B_{n,p}(\{k\})$	$B_{n,p}(\{0; \ldots; k\})$	p = 0.75 $B_{n,p}(\{k\})$	$B_{n,p}(\{0; \ldots; k\})$
19	0.02701	0.05946	0.00085	0.00137	0.00000	0.00000	0.00000	0.00000
20	0.04186	0.10132	0.00199	0.00336	0.00001	0.00001	0.00000	0.00000
21	0.05980	0.16112	0.00426	0.00762	0.00003	0.00004	0.00000	0.00000
22	0.07883	0.23994	0.00842	0.01603	0.00008	0.00012	0.00000	0.00000
23	0.09596	0.33591	0.01537	0.03141	0.00023	0.00034	0.00001	0.00001
24	0.10796	0.44386	0.02594	0.05734	0.00059	0.00093	0.00003	0.00004
25	0.11228	0.55614	0.04046	0.09781	0.00144	0.00237	0.00008	0.00012
26	0.10796	0.66409	0.05836	0.15617	0.00322	0.00559	0.00024	0.00037
27	0.09596	0.76006	0.07781	0.23398	0.00668	0.01228	0.00065	0.00102
28	0.07883	0.83888	0.09588	0.32986	0.01281	0.02509	0.00160	0.00262
29	0.05980	0.89868	0.10910	0.43897	0.02268	0.04776	0.00365	0.00626
30	0.04186	0.94054	0.11456	0.55352	0.03704	0.08480	0.00765	0.01392
31	0.02701	0.96755	0.11086	0.66439	0.05576	0.14056	0.01482	0.02873
32	0.01603	0.98358	0.09874	0.76312	0.07725	0.21781	0.02639	0.05512
33	0.00875	0.99233	0.08079	0.84391	0.09831	0.31612	0.04318	0.09831
34	0.00437	0.99670	0.06059	0.90450	0.11470	0.43082	0.06478	0.16308
35	0.00200	0.99870	0.04155	0.94604	0.12235	0.55317	0.08884	0.25192
36	0.00083	0.99953	0.02597	0.97201	0.11895	0.67212	0.11104	0.36296
37	0.00032	0.99985	0.01474	0.98675	0.10502	0.77713	0.12605	0.48901
38	0.00011	0.99995	0.00756	0.99431	0.08383	0.86096	0.12937	0.61838
39	0.00003	0.99999	0.00349	0.99780	0.06019	0.92115	0.11942	0.73780
40	0.00001	1.00000	0.00144	0.99924	0.03862	0.95977	0.09852	0.83632
41	0.00000	1.00000	0.00053	0.99977	0.02198	0.98175	0.07209	0.90840
42	0.00000	1.00000	0.00017	0.99994	0.01099	0.99274	0.04634	0.95474
43	0.00000	1.00000	0.00005	0.99999	0.00477	0.99751	0.02586	0.98061
44	0.00000	1.00000	0.00001	1.00000	0.00177	0.99928	0.01234	0.99295
45	0.00000	1.00000	0.00000	1.00000	0.00055	0.99983	0.00494	0.99789
46	0.00000	1.00000	0.00000	1.00000	0.00014	0.99997	0.00161	0.99950
47	0.00000	1.00000	0.00000	1.00000	0.00003	1.00000	0.00041	0.99991
48	0.00000	1.00000	0.00000	1.00000	0.00000	1.00000	0.00008	0.99999
49	0.00000	1.00000	0.00000	1.00000	0.00000	1.00000	0.00001	1.00000

k	p = 0.80 $B_{n,p}(\{k\})$	$B_{n,p}(\{0; \ldots; k\})$	p = 5/6 $B_{n,p}(\{k\})$	$B_{n,p}(\{0; \ldots; k\})$	p = 0.90 $B_{n,p}(\{k\})$	$B_{n,p}(\{0; \ldots; k\})$	p = 0.95 $B_{n,p}(\{k\})$	$B_{n,p}(\{0; \ldots; k\})$
26	0.00001	0.00001	0.00000	0.00000	0.00000	0.00000	0.00000	0.00000
27	0.00002	0.00003	0.00000	0.00000	0.00000	0.00000	0.00000	0.00000
28	0.00007	0.00010	0.00000	0.00001	0.00000	0.00000	0.00000	0.00000
29	0.00022	0.00032	0.00002	0.00002	0.00000	0.00000	0.00000	0.00000
30	0.00061	0.00093	0.00005	0.00008	0.00000	0.00000	0.00000	0.00000
31	0.00158	0.00251	0.00018	0.00025	0.00000	0.00000	0.00000	0.00000
32	0.00375	0.00626	0.00052	0.00077	0.00000	0.00000	0.00000	0.00000
33	0.00818	0.01444	0.00142	0.00219	0.00000	0.00000	0.00000	0.00000
34	0.01636	0.03080	0.00355	0.00573	0.00001	0.00002	0.00000	0.00000
35	0.02992	0.06072	0.00810	0.01384	0.00006	0.00007	0.00000	0.00000
36	0.04986	0.11059	0.01688	0.03072	0.00021	0.00029	0.00000	0.00000
37	0.07547	0.18606	0.03194	0.06267	0.00072	0.00100	0.00000	0.00000
38	0.10328	0.28933	0.05464	0.11731	0.00222	0.00322	0.00000	0.00000
39	0.12711	0.41644	0.08406	0.20137	0.00613	0.00935	0.00002	0.00003
40	0.13982	0.55626	0.11559	0.31696	0.01518	0.02454	0.00013	0.00016
41	0.13641	0.69267	0.14096	0.45791	0.03333	0.05787	0.00060	0.00076
42	0.11692	0.80959	0.15103	0.60894	0.06428	0.12215	0.00243	0.00319
43	0.08701	0.89660	0.14049	0.74943	0.10763	0.22977	0.00860	0.01179
44	0.05537	0.95197	0.11175	0.86118	0.15410	0.38388	0.02599	0.03778
45	0.02953	0.98150	0.07450	0.93569	0.18492	0.56880	0.06584	0.10362
46	0.01284	0.99434	0.04049	0.97618	0.18090	0.74971	0.13598	0.23959
47	0.00437	0.99871	0.01723	0.99341	0.13857	0.88827	0.21987	0.45947
48	0.00109	0.99981	0.00538	0.99879	0.07794	0.96621	0.26110	0.72057
49	0.00018	0.99999	0.00110	0.99989	0.02863	0.99485	0.20249	0.92306
50	0.00001	1.00000	0.00011	1.00000	0.00515	1.00000	0.07694	1.00000

T 5

n = 100

k	p = 0.05 $B_{n,p}(\{k\})$	$B_{n,p}(\{0;\dots;k\})$	p = 0.10 $B_{n,p}(\{k\})$	$B_{n,p}(\{0;\dots;k\})$	p = 1/6 $B_{n,p}(\{k\})$	$B_{n,p}(\{0;\dots;k\})$	p = 0.20 $B_{n,p}(\{k\})$	$B_{n,p}(\{0;\dots;k\})$
0	0.00592	0.00592	0.00003	0.00003	0.00000	0.00000	0.00000	0.00000
1	0.03116	0.03708	0.00030	0.00032	0.00000	0.00000	0.00000	0.00000
2	0.08118	0.11826	0.00162	0.00194	0.00000	0.00000	0.00000	0.00000
3	0.13958	0.25784	0.00589	0.00784	0.00002	0.00002	0.00000	0.00000
4	0.17814	0.43598	0.01587	0.02371	0.00008	0.00009	0.00000	0.00000
5	0.18002	0.61600	0.03387	0.05758	0.00029	0.00038	0.00001	0.00002
6	0.15001	0.76601	0.05958	0.11716	0.00092	0.00131	0.00006	0.00008
7	0.10603	0.87204	0.08890	0.20605	0.00247	0.00378	0.00020	0.00028
8	0.06487	0.93691	0.11482	0.32087	0.00575	0.00953	0.00058	0.00086
9	0.03490	0.97181	0.13042	0.45129	0.01176	0.02129	0.00148	0.00233
10	0.01672	0.98853	0.13187	0.58316	0.02140	0.04270	0.00336	0.00570
11	0.00720	0.99573	0.11988	0.70303	0.03502	0.07772	0.00688	0.01257
12	0.00281	0.99854	0.09879	0.80182	0.05195	0.12967	0.01275	0.02533
13	0.00100	0.99954	0.07430	0.87612	0.07033	0.20001	0.02158	0.04691
14	0.00033	0.99986	0.05130	0.92743	0.08742	0.28742	0.03353	0.08044
15	0.00010	0.99996	0.03268	0.96011	0.10024	0.38766	0.04806	0.12851
16	0.00003	0.99999	0.01929	0.97940	0.10650	0.49416	0.06383	0.19234
17	0.00001	1.00000	0.01059	0.98999	0.10525	0.59941	0.07885	0.27119
18	0.00000	1.00000	0.00543	0.99542	0.09706	0.69647	0.09090	0.36209
19	0.00000	1.00000	0.00260	0.99802	0.08378	0.78025	0.09807	0.46016
20	0.00000	1.00000	0.00117	0.99919	0.06786	0.84811	0.09930	0.55946
21	0.00000	1.00000	0.00050	0.99969	0.05170	0.89982	0.09457	0.65403
22	0.00000	1.00000	0.00020	0.99989	0.03713	0.93695	0.08490	0.73893
23	0.00000	1.00000	0.00007	0.99996	0.02519	0.96214	0.07198	0.81091
24	0.00000	1.00000	0.00003	0.99999	0.01616	0.97830	0.05773	0.86865
25	0.00000	1.00000	0.00001	1.00000	0.00983	0.98812	0.04388	0.91252
26	0.00000	1.00000	0.00000	1.00000	0.00567	0.99379	0.03164	0.94417
27	0.00000	1.00000	0.00000	1.00000	0.00311	0.99690	0.02168	0.96585
28	0.00000	1.00000	0.00000	1.00000	0.00162	0.99852	0.01413	0.97998
29	0.00000	1.00000	0.00000	1.00000	0.00080	0.99932	0.00877	0.98875
30	0.00000	1.00000	0.00000	1.00000	0.00038	0.99970	0.00519	0.99394
31	0.00000	1.00000	0.00000	1.00000	0.00017	0.99988	0.00293	0.99687
32	0.00000	1.00000	0.00000	1.00000	0.00007	0.99995	0.00158	0.99845
33	0.00000	1.00000	0.00000	1.00000	0.00003	0.99998	0.00081	0.99926
34	0.00000	1.00000	0.00000	1.00000	0.00001	0.99999	0.00040	0.99966
35	0.00000	1.00000	0.00000	1.00000	0.00000	1.00000	0.00019	0.99985
36	0.00000	1.00000	0.00000	1.00000	0.00000	1.00000	0.00009	0.99994
37	0.00000	1.00000	0.00000	1.00000	0.00000	1.00000	0.00004	0.99998
38	0.00000	1.00000	0.00000	1.00000	0.00000	1.00000	0.00002	0.99999
39	0.00000	1.00000	0.00000	1.00000	0.00000	1.00000	0.00001	1.00000

k	p = 0.25 $B_{n,p}(\{k\})$	$B_{n,p}(\{0;\dots;k\})$	p = 0.30 $B_{n,p}(\{k\})$	$B_{n,p}(\{0;\dots;k\})$	p = 1/3 $B_{n,p}(\{k\})$	$B_{n,p}(\{0;\dots;k\})$	p = 0.40 $B_{n,p}(\{k\})$	$B_{n,p}(\{0;\dots;k\})$
8	0.00001	0.00001	0.00000	0.00000	0.00000	0.00000	0.00000	0.00000
9	0.00003	0.00004	0.00000	0.00000	0.00000	0.00000	0.00000	0.00000
10	0.00009	0.00014	0.00000	0.00000	0.00000	0.00000	0.00000	0.00000
11	0.00026	0.00039	0.00000	0.00001	0.00000	0.00000	0.00000	0.00000
12	0.00063	0.00103	0.00001	0.00002	0.00000	0.00000	0.00000	0.00000
13	0.00143	0.00246	0.00004	0.00006	0.00000	0.00000	0.00000	0.00000
14	0.00296	0.00542	0.00010	0.00016	0.00001	0.00001	0.00000	0.00000
15	0.00566	0.01108	0.00025	0.00040	0.00002	0.00003	0.00000	0.00000
16	0.01003	0.02111	0.00056	0.00097	0.00005	0.00008	0.00000	0.00000
17	0.01652	0.03763	0.00119	0.00216	0.00012	0.00020	0.00000	0.00000
18	0.02539	0.06301	0.00236	0.00452	0.00029	0.00049	0.00000	0.00000
19	0.03652	0.09953	0.00436	0.00889	0.00062	0.00111	0.00000	0.00001
20	0.04930	0.14883	0.00758	0.01646	0.00126	0.00237	0.00001	0.00002
21	0.06260	0.21144	0.01237	0.02883	0.00239	0.00476	0.00003	0.00004
22	0.07494	0.28637	0.01903	0.04787	0.00430	0.00906	0.00006	0.00011
23	0.08471	0.37108	0.02767	0.07553	0.00729	0.01636	0.00014	0.00025
24	0.09059	0.46167	0.03804	0.11357	0.01170	0.02805	0.00031	0.00056
25	0.09180	0.55347	0.04956	0.16313	0.01778	0.04583	0.00063	0.00119
26	0.08827	0.64174	0.06127	0.22440	0.02564	0.07147	0.00121	0.00240
27	0.08064	0.72238	0.07197	0.29637	0.03514	0.10661	0.00220	0.00460
28	0.07008	0.79246	0.08041	0.37678	0.04580	0.15241	0.00383	0.00843
29	0.05800	0.85046	0.08556	0.46234	0.05686	0.20927	0.00634	0.01478
30	0.04575	0.89621	0.08678	0.54912	0.06728	0.27655	0.01001	0.02478

k	p = 0.25 $B_{n,p}(\{k\})$	$B_{n,p}(\{0;...;k\})$	p = 0.30 $B_{n,p}(\{k\})$	$B_{n,p}(\{0;...;k\})$	p = 1/3 $B_{n,p}(\{k\})$	$B_{n,p}(\{0;...;k\})$	p = 0.40 $B_{n,p}(\{k\})$	$B_{n,p}(\{0;...;k\})$
31	0.03444	0.93065	0.08398	0.63311	0.07597	0.35252	0.01507	0.03985
32	0.02475	0.95540	0.07761	0.71072	0.08190	0.43442	0.02166	0.06150
33	0.01700	0.97241	0.06854	0.77926	0.08438	0.51880	0.02975	0.09125
34	0.01117	0.98357	0.05788	0.83714	0.08314	0.60195	0.03908	0.13034
35	0.00702	0.99059	0.04678	0.88392	0.07839	0.68034	0.04913	0.17947
36	0.00422	0.99482	0.03620	0.92012	0.07077	0.75111	0.05914	0.23861
37	0.00244	0.99725	0.02683	0.94695	0.06121	0.81231	0.06820	0.30681
38	0.00135	0.99860	0.01907	0.96602	0.05074	0.86305	0.07538	0.38219
39	0.00071	0.99931	0.01299	0.97901	0.04033	0.90338	0.07989	0.46208
40	0.00036	0.99968	0.00849	0.98750	0.03075	0.93413	0.08122	0.54329
41	0.00018	0.99985	0.00532	0.99283	0.02250	0.95663	0.07924	0.62253
42	0.00008	0.99994	0.00321	0.99603	0.01580	0.97243	0.07421	0.69674
43	0.00004	0.99997	0.00185	0.99789	0.01066	0.98309	0.06673	0.76347
44	0.00002	0.99999	0.00103	0.99891	0.00690	0.98999	0.05763	0.82110
45	0.00001	1.00000	0.00055	0.99946	0.00430	0.99429	0.04781	0.86891
46	0.00000	1.00000	0.00028	0.99974	0.00257	0.99686	0.03811	0.90702
47	0.00000	1.00000	0.00014	0.99988	0.00148	0.99833	0.02919	0.93621
48	0.00000	1.00000	0.00007	0.99995	0.00081	0.99915	0.02149	0.95770
49	0.00000	1.00000	0.00003	0.99998	0.00043	0.99958	0.01520	0.97290
50	0.00000	1.00000	0.00001	0.99999	0.00022	0.99980	0.01034	0.98324
51	0.00000	1.00000	0.00001	1.00000	0.00011	0.99991	0.00676	0.98999
52	0.00000	1.00000	0.00000	1.00000	0.00005	0.99996	0.00424	0.99424
53	0.00000	1.00000	0.00000	1.00000	0.00002	0.99998	0.00256	0.99680
54	0.00000	1.00000	0.00000	1.00000	0.00001	0.99999	0.00149	0.99829
55	0.00000	1.00000	0.00000	1.00000	0.00000	1.00000	0.00083	0.99912
56	0.00000	1.00000	0.00000	1.00000	0.00000	1.00000	0.00044	0.99956
57	0.00000	1.00000	0.00000	1.00000	0.00000	1.00000	0.00023	0.99979
58	0.00000	1.00000	0.00000	1.00000	0.00000	1.00000	0.00011	0.99990
59	0.00000	1.00000	0.00000	1.00000	0.00000	1.00000	0.00005	0.99996
60	0.00000	1.00000	0.00000	1.00000	0.00000	1.00000	0.00002	0.99998
61	0.00000	1.00000	0.00000	1.00000	0.00000	1.00000	0.00001	0.99999
62	0.00000	1.00000	0.00000	1.00000	0.00000	1.00000	0.00000	1.00000

k	p = 0.50 $B_{n,p}(\{k\})$	$B_{n,p}(\{0;...;k\})$	p = 0.60 $B_{n,p}(\{k\})$	$B_{n,p}(\{0;...;k\})$	p = 0.70 $B_{n,p}(\{k\})$	$B_{n,p}(\{0;...;k\})$	p = 0.75 $B_{n,p}(\{k\})$	$B_{n,p}(\{0;...;k\})$
28	0.00000	0.00001	0.00000	0.00000	0.00000	0.00000	0.00000	0.00000
29	0.00001	0.00002	0.00000	0.00000	0.00000	0.00000	0.00000	0.00000
30	0.00002	0.00004	0.00000	0.00000	0.00000	0.00000	0.00000	0.00000
31	0.00005	0.00009	0.00000	0.00000	0.00000	0.00000	0.00000	0.00000
32	0.00011	0.00020	0.00000	0.00000	0.00000	0.00000	0.00000	0.00000
33	0.00023	0.00044	0.00000	0.00000	0.00000	0.00000	0.00000	0.00000
34	0.00046	0.00089	0.00000	0.00000	0.00000	0.00000	0.00000	0.00000
35	0.00086	0.00176	0.00000	0.00000	0.00000	0.00000	0.00000	0.00000
36	0.00156	0.00332	0.00000	0.00000	0.00000	0.00000	0.00000	0.00000
37	0.00270	0.00602	0.00000	0.00000	0.00000	0.00000	0.00000	0.00000
38	0.00447	0.01049	0.00000	0.00001	0.00000	0.00000	0.00000	0.00000
39	0.00711	0.01760	0.00001	0.00002	0.00000	0.00000	0.00000	0.00000
40	0.01084	0.02844	0.00002	0.00004	0.00000	0.00000	0.00000	0.00000
41	0.01587	0.04431	0.00005	0.00010	0.00000	0.00000	0.00000	0.00000
42	0.02229	0.06661	0.00011	0.00021	0.00000	0.00000	0.00000	0.00000
43	0.03007	0.09667	0.00023	0.00044	0.00000	0.00000	0.00000	0.00000
44	0.03895	0.13563	0.00044	0.00088	0.00000	0.00000	0.00000	0.00000
45	0.04847	0.18410	0.00083	0.00171	0.00000	0.00000	0.00000	0.00000
46	0.05796	0.24206	0.00149	0.00320	0.00000	0.00000	0.00000	0.00000
47	0.06659	0.30865	0.00256	0.00576	0.00000	0.00000	0.00000	0.00000
48	0.07353	0.38218	0.00424	0.01001	0.00000	0.00000	0.00000	0.00000
49	0.07803	0.46021	0.00676	0.01676	0.00001	0.00001	0.00000	0.00000
50	0.07959	0.53979	0.01034	0.02710	0.00001	0.00002	0.00000	0.00000
51	0.07803	0.61782	0.01520	0.04230	0.00003	0.00005	0.00000	0.00000
52	0.07353	0.69135	0.02149	0.06379	0.00007	0.00012	0.00000	0.00000
53	0.06659	0.75794	0.02919	0.09298	0.00014	0.00026	0.00000	0.00000
54	0.05796	0.81590	0.03811	0.13109	0.00028	0.00054	0.00000	0.00000
55	0.04847	0.86437	0.04781	0.17890	0.00055	0.00109	0.00001	0.00001
56	0.03895	0.90333	0.05763	0.23653	0.00103	0.00211	0.00002	0.00003
57	0.03007	0.93339	0.06673	0.30326	0.00185	0.00397	0.00004	0.00006
58	0.02229	0.95569	0.07421	0.37747	0.00321	0.00717	0.00008	0.00015
59	0.01587	0.97156	0.07924	0.45671	0.00532	0.01250	0.00018	0.00032

T5

k	p = 0.50 $B_{n,p}(\{k\})$	$B_{n,p}(\{0;\dots;k\})$	p = 0.60 $B_{n,p}(\{k\})$	$B_{n,p}(\{0;\dots;k\})$	p = 0.70 $B_{n,p}(\{k\})$	$B_{n,p}(\{0;\dots;k\})$	p = 0.75 $B_{n,p}(\{k\})$	$B_{n,p}(\{0;\dots;k\})$
60	0.01084	0.98240	0.08122	0.53792	0.00849	0.02099	0.00036	0.00069
61	0.00711	0.98951	0.07989	0.61781	0.01299	0.03398	0.00071	0.00140
62	0.00447	0.99398	0.07538	0.69319	0.01907	0.05305	0.00135	0.00275
63	0.00270	0.99668	0.06820	0.76139	0.02683	0.07988	0.00244	0.00518
64	0.00156	0.99824	0.05914	0.82053	0.03620	0.11608	0.00422	0.00941
65	0.00086	0.99911	0.04913	0.86966	0.04678	0.16286	0.00702	0.01643
66	0.00046	0.99956	0.03908	0.90875	0.05788	0.22074	0.01117	0.02759
67	0.00023	0.99980	0.02975	0.93850	0.06854	0.28928	0.01700	0.04460
68	0.00011	0.99991	0.02166	0.96015	0.07761	0.36689	0.02475	0.06935
69	0.00005	0.99996	0.01507	0.97522	0.08398	0.45088	0.03444	0.10379
70	0.00002	0.99998	0.01001	0.98522	0.08678	0.53766	0.04575	0.14954
71	0.00001	0.99999	0.00634	0.99157	0.08556	0.62322	0.05800	0.20754
72	0.00000	1.00000	0.00383	0.99540	0.08041	0.70363	0.07008	0.27762
73	0.00000	1.00000	0.00220	0.99760	0.07197	0.77560	0.08064	0.35826
74	0.00000	1.00000	0.00121	0.99881	0.06127	0.83687	0.08827	0.44653
75	0.00000	1.00000	0.00063	0.99944	0.04956	0.88643	0.09180	0.53833
76	0.00000	1.00000	0.00031	0.99975	0.03804	0.92447	0.09059	0.62892
77	0.00000	1.00000	0.00014	0.99989	0.02767	0.95213	0.08471	0.71363
78	0.00000	1.00000	0.00006	0.99996	0.01903	0.97117	0.07494	0.78856
79	0.00000	1.00000	0.00003	0.99998	0.01237	0.98354	0.06260	0.85117
80	0.00000	1.00000	0.00001	0.99999	0.00758	0.99111	0.04930	0.90047
81	0.00000	1.00000	0.00000	1.00000	0.00436	0.99548	0.03652	0.93699
82	0.00000	1.00000	0.00000	1.00000	0.00236	0.99784	0.02539	0.96237
83	0.00000	1.00000	0.00000	1.00000	0.00119	0.99903	0.01652	0.97889
84	0.00000	1.00000	0.00000	1.00000	0.00056	0.99960	0.01003	0.98892
85	0.00000	1.00000	0.00000	1.00000	0.00025	0.99984	0.00566	0.99458
86	0.00000	1.00000	0.00000	1.00000	0.00010	0.99994	0.00296	0.99754
87	0.00000	1.00000	0.00000	1.00000	0.00004	0.99998	0.00143	0.99897
88	0.00000	1.00000	0.00000	1.00000	0.00001	0.99999	0.00063	0.99961
89	0.00000	1.00000	0.00000	1.00000	0.00000	1.00000	0.00026	0.99986
90	0.00000	1.00000	0.00000	1.00000	0.00000	1.00000	0.00009	0.99996
91	0.00000	1.00000	0.00000	1.00000	0.00000	1.00000	0.00003	0.99999
92	0.00000	1.00000	0.00000	1.00000	0.00000	1.00000	0.00001	1.00000

k	p = 0.80 $B_{n,p}(\{k\})$	$B_{n,p}(\{0;\dots;k\})$	p = 5/6 $B_{n,p}(\{k\})$	$B_{n,p}(\{0;\dots;k\})$	p = 0.90 $B_{n,p}(\{k\})$	$B_{n,p}(\{0;\dots;k\})$	p = 0.95 $B_{n,p}(\{k\})$	$B_{n,p}(\{0;\dots;k\})$
61	0.00001	0.00001	0.00000	0.00000	0.00000	0.00000	0.00000	0.00000
62	0.00002	0.00002	0.00000	0.00000	0.00000	0.00000	0.00000	0.00000
63	0.00004	0.00006	0.00000	0.00000	0.00000	0.00000	0.00000	0.00000
64	0.00009	0.00015	0.00000	0.00000	0.00000	0.00000	0.00000	0.00000
65	0.00019	0.00034	0.00000	0.00001	0.00000	0.00000	0.00000	0.00000
66	0.00040	0.00074	0.00001	0.00002	0.00000	0.00000	0.00000	0.00000
67	0.00081	0.00155	0.00003	0.00005	0.00000	0.00000	0.00000	0.00000
68	0.00158	0.00313	0.00007	0.00012	0.00000	0.00000	0.00000	0.00000
69	0.00293	0.00606	0.00017	0.00030	0.00000	0.00000	0.00000	0.00000
70	0.00519	0.01125	0.00038	0.00068	0.00000	0.00000	0.00000	0.00000
71	0.00877	0.02002	0.00080	0.00148	0.00000	0.00000	0.00000	0.00000
72	0.01413	0.03415	0.00162	0.00310	0.00000	0.00000	0.00000	0.00000
73	0.02168	0.05583	0.00311	0.00621	0.00000	0.00000	0.00000	0.00000
74	0.03164	0.08748	0.00567	0.01188	0.00000	0.00000	0.00000	0.00000
75	0.04388	0.13135	0.00983	0.02170	0.00001	0.00001	0.00000	0.00000
76	0.05773	0.18909	0.01616	0.03786	0.00003	0.00004	0.00000	0.00000
77	0.07198	0.26107	0.02519	0.06305	0.00007	0.00011	0.00000	0.00000
78	0.08490	0.34597	0.03713	0.10018	0.00020	0.00031	0.00000	0.00000
79	0.09457	0.44054	0.05170	0.15189	0.00050	0.00081	0.00000	0.00000
80	0.09930	0.53984	0.06786	0.21975	0.00117	0.00198	0.00000	0.00000
81	0.09807	0.63791	0.08378	0.30353	0.00260	0.00458	0.00000	0.00000
82	0.09090	0.72881	0.09706	0.40059	0.00543	0.01001	0.00000	0.00000
83	0.07885	0.80766	0.10525	0.50584	0.01059	0.02060	0.00001	0.00001
84	0.06383	0.87149	0.10650	0.61234	0.01929	0.03989	0.00003	0.00004
85	0.04806	0.91956	0.10024	0.71258	0.03268	0.07257	0.00010	0.00014
86	0.03353	0.95309	0.08742	0.79999	0.05130	0.12388	0.00033	0.00046
87	0.02158	0.97467	0.07033	0.87033	0.07430	0.19818	0.00100	0.00146
88	0.01275	0.98743	0.05195	0.92228	0.09879	0.29697	0.00281	0.00427
89	0.00688	0.99430	0.03502	0.95730	0.11988	0.41684	0.00720	0.01147
90	0.00336	0.99767	0.02140	0.97871	0.13187	0.54871	0.01672	0.02819
91	0.00148	0.99914	0.01176	0.99047	0.13042	0.67913	0.03490	0.06309

k	p = 0.80 $B_{n,p}(\{k\})$	$B_{n,p}(\{0;...;k\})$	p = 5/6 $B_{n,p}(\{k\})$	$B_{n,p}(\{0;...;k\})$	p = 0.90 $B_{n,p}(\{k\})$	$B_{n,p}(\{0;...;k\})$	p = 0.95 $B_{n,p}(\{k\})$	$B_{n,p}(\{0;...;k\})$
92	0.00058	0.99972	0.00575	0.99622	0.11482	0.79395	0.06487	0.12796
93	0.00020	0.99992	0.00247	0.99869	0.08890	0.88284	0.10603	0.23399
94	0.00006	0.99998	0.00092	0.99962	0.05958	0.94242	0.15001	0.38400
95	0.00001	1.00000	0.00029	0.99991	0.03387	0.97629	0.18002	0.56402
96	0.00000	1.00000	0.00008	0.99998	0.01587	0.99216	0.17814	0.74216
97	0.00000	1.00000	0.00002	1.00000	0.00589	0.99806	0.13958	0.88174
98	0.00000	1.00000	0.00000	1.00000	0.00162	0.99968	0.08118	0.96292
99	0.00000	1.00000	0.00000	1.00000	0.00030	0.99997	0.03116	0.99408
100	0.00000	1.00000	0.00000	1.00000	0.00003	1.00000	0.00592	1.00000

n = 200

k	p = 1/6 $B_{n,p}(\{k\})$	$B_{n,p}(\{0;...;k\})$	p = 0.20 $B_{n,p}(\{k\})$	$B_{n,p}(\{0;...;k\})$	p = 0.25 $B_{n,p}(\{k\})$	$B_{n,p}(\{0;...;k\})$	p = 0.40 $B_{n,p}(\{k\})$	$B_{n,p}(\{0;...;k\})$
12	0.00000	0.00001	0.00000	0.00000	0.00000	0.00000	0.00000	0.00000
13	0.00001	0.00002	0.00000	0.00000	0.00000	0.00000	0.00000	0.00000
14	0.00003	0.00004	0.00000	0.00000	0.00000	0.00000	0.00000	0.00000
15	0.00007	0.00011	0.00000	0.00000	0.00000	0.00000	0.00000	0.00000
16	0.00016	0.00028	0.00000	0.00000	0.00000	0.00000	0.00000	0.00000
17	0.00035	0.00063	0.00000	0.00001	0.00000	0.00000	0.00000	0.00000
18	0.00071	0.00134	0.00001	0.00002	0.00000	0.00000	0.00000	0.00000
19	0.00136	0.00270	0.00003	0.00005	0.00000	0.00000	0.00000	0.00000
20	0.00247	0.00517	0.00006	0.00011	0.00000	0.00000	0.00000	0.00000
21	0.00423	0.00940	0.00013	0.00024	0.00000	0.00000	0.00000	0.00000
22	0.00688	0.01628	0.00027	0.00050	0.00000	0.00000	0.00000	0.00000
23	0.01065	0.02693	0.00051	0.00102	0.00000	0.00000	0.00000	0.00000
24	0.01571	0.04264	0.00095	0.00196	0.00000	0.00000	0.00000	0.00000
25	0.02212	0.06476	0.00167	0.00363	0.00001	0.00001	0.00000	0.00000
26	0.02978	0.09454	0.00280	0.00643	0.00001	0.00002	0.00000	0.00000
27	0.03838	0.13292	0.00452	0.01095	0.00003	0.00005	0.00000	0.00000
28	0.04743	0.18035	0.00698	0.01793	0.00005	0.00010	0.00000	0.00000
29	0.05626	0.23661	0.01035	0.02828	0.00011	0.00021	0.00000	0.00000
30	0.06414	0.30074	0.01474	0.04302	0.00020	0.00042	0.00000	0.00000
31	0.07034	0.37108	0.02021	0.06324	0.00037	0.00079	0.00000	0.00000
32	0.07430	0.44538	0.02669	0.08993	0.00066	0.00145	0.00000	0.00000
33	0.07565	0.52103	0.03397	0.12390	0.00112	0.00257	0.00000	0.00000
34	0.07431	0.59535	0.04171	0.16561	0.00183	0.00440	0.00000	0.00000
35	0.07049	0.66584	0.04946	0.21507	0.00289	0.00729	0.00000	0.00000
36	0.06462	0.73046	0.05667	0.27174	0.00442	0.01171	0.00000	0.00000
37	0.05728	0.78774	0.06280	0.33454	0.00653	0.01824	0.00000	0.00000
38	0.04914	0.83688	0.06734	0.40188	0.00934	0.02758	0.00000	0.00000
39	0.04083	0.87771	0.06993	0.47181	0.01293	0.04050	0.00000	0.00000
40	0.03287	0.91058	0.07037	0.54218	0.01735	0.05785	0.00000	0.00000
41	0.02565	0.93623	0.06865	0.61083	0.02256	0.08041	0.00000	0.00000
42	0.01942	0.95565	0.06498	0.67581	0.02847	0.10889	0.00000	0.00000
43	0.01427	0.96992	0.05969	0.73550	0.03487	0.14376	0.00000	0.00000
44	0.01019	0.98011	0.05324	0.78874	0.04148	0.18524	0.00000	0.00000
45	0.00706	0.98717	0.04614	0.83488	0.04793	0.23317	0.00000	0.00000
46	0.00476	0.99193	0.03887	0.87375	0.05384	0.28700	0.00000	0.00000
47	0.00312	0.99505	0.03184	0.90560	0.05880	0.34580	0.00000	0.00000
48	0.00199	0.99703	0.02537	0.93097	0.06247	0.40828	0.00000	0.00000
49	0.00123	0.99827	0.01968	0.95065	0.06460	0.47288	0.00000	0.00000
50	0.00075	0.99901	0.01486	0.96550	0.06503	0.53791	0.00000	0.00001
51	0.00044	0.99945	0.01092	0.97643	0.06375	0.60166	0.00001	0.00001
52	0.00025	0.99970	0.00783	0.98425	0.06089	0.66255	0.00001	0.00002
53	0.00014	0.99984	0.00546	0.98972	0.05668	0.71923	0.00002	0.00004
54	0.00008	0.99992	0.00372	0.99343	0.05143	0.77067	0.00004	0.00008
55	0.00004	0.99996	0.00247	0.99590	0.04551	0.81618	0.00007	0.00015
56	0.00002	0.99998	0.00160	0.99750	0.03928	0.85546	0.00012	0.00027
57	0.00001	0.99999	0.00101	0.99851	0.03308	0.88853	0.00020	0.00047
58	0.00001	1.00000	0.00062	0.99913	0.02718	0.91572	0.00033	0.00079
59	0.00000	1.00000	0.00037	0.99950	0.02181	0.93753	0.00052	0.00131
60	0.00000	1.00000	0.00022	0.99972	0.01708	0.95461	0.00082	0.00213
61	0.00000	1.00000	0.00013	0.99985	0.01307	0.96768	0.00125	0.00338
62	0.00000	1.00000	0.00007	0.99992	0.00977	0.97745	0.00187	0.00525
63	0.00000	1.00000	0.00004	0.99996	0.00713	0.98458	0.00273	0.00798
64	0.00000	1.00000	0.00002	0.99998	0.00509	0.98967	0.00390	0.01187

T 5

k	p = 1/6 $B_{n,p}(\{k\})$	$B_{n,p}(\{0;\ldots;k\})$	p = 0.20 $B_{n,p}(\{k\})$	$B_{n,p}(\{0;\ldots;k\})$	p = 0.25 $B_{n,p}(\{k\})$	$B_{n,p}(\{0;\ldots;k\})$	p = 0.40 $B_{n,p}(\{k\})$	$B_{n,p}(\{0;\ldots;k\})$
65	0.00000	1.00000	0.00001	0.99999	0.00355	0.99322	0.00543	0.01731
66	0.00000	1.00000	0.00001	0.99999	0.00242	0.99564	0.00741	0.02472
67	0.00000	1.00000	0.00000	1.00000	0.00161	0.99725	0.00988	0.03459
68	0.00000	1.00000	0.00000	1.00000	0.00105	0.99830	0.01288	0.04748
69	0.00000	1.00000	0.00000	1.00000	0.00067	0.99897	0.01643	0.06390
70	0.00000	1.00000	0.00000	1.00000	0.00042	0.99939	0.02050	0.08440
71	0.00000	1.00000	0.00000	1.00000	0.00026	0.99965	0.02502	0.10942
72	0.00000	1.00000	0.00000	1.00000	0.00015	0.99980	0.02988	0.13930
73	0.00000	1.00000	0.00000	1.00000	0.00009	0.99989	0.03493	0.17423
74	0.00000	1.00000	0.00000	1.00000	0.00005	0.99994	0.03997	0.21419
75	0.00000	1.00000	0.00000	1.00000	0.00003	0.99997	0.04476	0.25896
76	0.00000	1.00000	0.00000	1.00000	0.00002	0.99998	0.04908	0.30804
77	0.00000	1.00000	0.00000	1.00000	0.00001	0.99999	0.05269	0.36073
78	0.00000	1.00000	0.00000	1.00000	0.00000	1.00000	0.05540	0.41612
79	0.00000	1.00000	0.00000	1.00000	0.00000	1.00000	0.05703	0.47316
80	0.00000	1.00000	0.00000	1.00000	0.00000	1.00000	0.05751	0.53066
81	0.00000	1.00000	0.00000	1.00000	0.00000	1.00000	0.05680	0.58746
82	0.00000	1.00000	0.00000	1.00000	0.00000	1.00000	0.05495	0.64241
83	0.00000	1.00000	0.00000	1.00000	0.00000	1.00000	0.05208	0.69449
84	0.00000	1.00000	0.00000	1.00000	0.00000	1.00000	0.04836	0.74285
85	0.00000	1.00000	0.00000	1.00000	0.00000	1.00000	0.04400	0.78685
86	0.00000	1.00000	0.00000	1.00000	0.00000	1.00000	0.03922	0.82607
87	0.00000	1.00000	0.00000	1.00000	0.00000	1.00000	0.03426	0.86034
88	0.00000	1.00000	0.00000	1.00000	0.00000	1.00000	0.02933	0.88967
89	0.00000	1.00000	0.00000	1.00000	0.00000	1.00000	0.02461	0.91428
90	0.00000	1.00000	0.00000	1.00000	0.00000	1.00000	0.02023	0.93451
91	0.00000	1.00000	0.00000	1.00000	0.00000	1.00000	0.01631	0.95082
92	0.00000	1.00000	0.00000	1.00000	0.00000	1.00000	0.01288	0.96369
93	0.00000	1.00000	0.00000	1.00000	0.00000	1.00000	0.00997	0.97366
94	0.00000	1.00000	0.00000	1.00000	0.00000	1.00000	0.00757	0.98123
95	0.00000	1.00000	0.00000	1.00000	0.00000	1.00000	0.00563	0.98686
96	0.00000	1.00000	0.00000	1.00000	0.00000	1.00000	0.00410	0.99096
97	0.00000	1.00000	0.00000	1.00000	0.00000	1.00000	0.00293	0.99390
98	0.00000	1.00000	0.00000	1.00000	0.00000	1.00000	0.00206	0.99595
99	0.00000	1.00000	0.00000	1.00000	0.00000	1.00000	0.00141	0.99736
100	0.00000	1.00000	0.00000	1.00000	0.00000	1.00000	0.00095	0.99832
101	0.00000	1.00000	0.00000	1.00000	0.00000	1.00000	0.00063	0.99894
102	0.00000	1.00000	0.00000	1.00000	0.00000	1.00000	0.00041	0.99935
103	0.00000	1.00000	0.00000	1.00000	0.00000	1.00000	0.00026	0.99961
104	0.00000	1.00000	0.00000	1.00000	0.00000	1.00000	0.00016	0.99977
105	0.00000	1.00000	0.00000	1.00000	0.00000	1.00000	0.00010	0.99986
106	0.00000	1.00000	0.00000	1.00000	0.00000	1.00000	0.00006	0.99992
107	0.00000	1.00000	0.00000	1.00000	0.00000	1.00000	0.00003	0.99996
108	0.00000	1.00000	0.00000	1.00000	0.00000	1.00000	0.00002	0.99998
109	0.00000	1.00000	0.00000	1.00000	0.00000	1.00000	0.00001	0.99999
110	0.00000	1.00000	0.00000	1.00000	0.00000	1.00000	0.00001	0.99999
111	0.00000	1.00000	0.00000	1.00000	0.00000	1.00000	0.00000	1.00000

k	p = 0.50 $B_{n,p}(\{k\})$	$B_{n,p}(\{0;\ldots;k\})$	p = 0.60 $B_{n,p}(\{k\})$	$B_{n,p}(\{0;\ldots;k\})$	p = 0.75 $B_{n,p}(\{k\})$	$B_{n,p}(\{0;\ldots;k\})$	p = 5/6 $B_{n,p}(\{k\})$	$B_{n,p}(\{0;\ldots;k\})$
69	0.00000	0.00001	0.00000	0.00000	0.00000	0.00000	0.00000	0.00000
70	0.00001	0.00001	0.00000	0.00000	0.00000	0.00000	0.00000	0.00000
71	0.00001	0.00002	0.00000	0.00000	0.00000	0.00000	0.00000	0.00000
72	0.00002	0.00005	0.00000	0.00000	0.00000	0.00000	0.00000	0.00000
73	0.00004	0.00008	0.00000	0.00000	0.00000	0.00000	0.00000	0.00000
74	0.00006	0.00014	0.00000	0.00000	0.00000	0.00000	0.00000	0.00000
75	0.00011	0.00025	0.00000	0.00000	0.00000	0.00000	0.00000	0.00000
76	0.00017	0.00042	0.00000	0.00000	0.00000	0.00000	0.00000	0.00000
77	0.00028	0.00070	0.00000	0.00000	0.00000	0.00000	0.00000	0.00000
78	0.00044	0.00114	0.00000	0.00000	0.00000	0.00000	0.00000	0.00000
79	0.00068	0.00182	0.00000	0.00000	0.00000	0.00000	0.00000	0.00000
80	0.00103	0.00284	0.00000	0.00000	0.00000	0.00000	0.00000	0.00000
81	0.00152	0.00436	0.00000	0.00000	0.00000	0.00000	0.00000	0.00000
82	0.00220	0.00657	0.00000	0.00000	0.00000	0.00000	0.00000	0.00000
83	0.00313	0.00970	0.00000	0.00000	0.00000	0.00000	0.00000	0.00000
84	0.00436	0.01406	0.00000	0.00000	0.00000	0.00000	0.00000	0.00000
85	0.00596	0.02002	0.00000	0.00000	0.00000	0.00000	0.00000	0.00000

k	p = 0.50 $B_{n,p}(\{k\})$	$B_{n,p}(\{0;\dots;k\})$	p = 0.60 $B_{n,p}(\{k\})$	$B_{n,p}(\{0;\dots;k\})$	p = 0.75 $B_{n,p}(\{k\})$	$B_{n,p}(\{0;\dots;k\})$	p = 5/6 $B_{n,p}(\{k\})$	$B_{n,p}(\{0;\dots;k\})$
86	0.00796	0.02798	0.00000	0.00000	0.00000	0.00000	0.00000	0.00000
87	0.01044	0.03842	0.00000	0.00000	0.00000	0.00000	0.00000	0.00000
88	0.01340	0.05182	0.00000	0.00000	0.00000	0.00000	0.00000	0.00000
89	0.01686	0.06868	0.00000	0.00001	0.00000	0.00000	0.00000	0.00000
90	0.02080	0.08948	0.00001	0.00001	0.00000	0.00000	0.00000	0.00000
91	0.02514	0.11462	0.00001	0.00002	0.00000	0.00000	0.00000	0.00000
92	0.02979	0.14441	0.00002	0.00004	0.00000	0.00000	0.00000	0.00000
93	0.03459	0.17900	0.00003	0.00008	0.00000	0.00000	0.00000	0.00000
94	0.03938	0.21838	0.00006	0.00014	0.00000	0.00000	0.00000	0.00000
95	0.04393	0.26231	0.00010	0.00023	0.00000	0.00000	0.00000	0.00000
96	0.04805	0.31036	0.00016	0.00039	0.00000	0.00000	0.00000	0.00000
97	0.05152	0.36189	0.00026	0.00065	0.00000	0.00000	0.00000	0.00000
98	0.05415	0.41604	0.00041	0.00106	0.00000	0.00000	0.00000	0.00000
99	0.05579	0.47183	0.00063	0.00168	0.00000	0.00000	0.00000	0.00000
100	0.05635	0.52817	0.00095	0.00264	0.00000	0.00000	0.00000	0.00000
101	0.05579	0.58396	0.00141	0.00405	0.00000	0.00000	0.00000	0.00000
102	0.05415	0.63811	0.00206	0.00610	0.00000	0.00000	0.00000	0.00000
103	0.05152	0.68964	0.00293	0.00904	0.00000	0.00000	0.00000	0.00000
104	0.04805	0.73769	0.00410	0.01314	0.00000	0.00000	0.00000	0.00000
105	0.04393	0.78162	0.00563	0.01877	0.00000	0.00000	0.00000	0.00000
106	0.03938	0.82100	0.00757	0.02634	0.00000	0.00000	0.00000	0.00000
107	0.03459	0.85559	0.00997	0.03631	0.00000	0.00000	0.00000	0.00000
108	0.02979	0.88538	0.01288	0.04918	0.00000	0.00000	0.00000	0.00000
109	0.02514	0.91052	0.01631	0.06549	0.00000	0.00000	0.00000	0.00000
110	0.02080	0.93132	0.02023	0.08572	0.00000	0.00000	0.00000	0.00000
111	0.01686	0.94818	0.02461	0.11033	0.00000	0.00000	0.00000	0.00000
112	0.01340	0.96158	0.02933	0.13966	0.00000	0.00000	0.00000	0.00000
113	0.01044	0.97202	0.03426	0.17393	0.00000	0.00000	0.00000	0.00000
114	0.00796	0.97998	0.03922	0.21315	0.00000	0.00000	0.00000	0.00000
115	0.00596	0.98594	0.04400	0.25715	0.00000	0.00000	0.00000	0.00000
116	0.00436	0.99030	0.04836	0.30551	0.00000	0.00000	0.00000	0.00000
117	0.00313	0.99343	0.05208	0.35759	0.00000	0.00000	0.00000	0.00000
118	0.00220	0.99564	0.05495	0.41254	0.00000	0.00000	0.00000	0.00000
119	0.00152	0.99716	0.05680	0.46934	0.00000	0.00000	0.00000	0.00000
120	0.00103	0.99818	0.05751	0.52684	0.00000	0.00000	0.00000	0.00000
121	0.00068	0.99886	0.05703	0.58388	0.00000	0.00000	0.00000	0.00000
122	0.00044	0.99930	0.05540	0.63927	0.00000	0.00001	0.00000	0.00000
123	0.00028	0.99958	0.05269	0.69196	0.00001	0.00002	0.00000	0.00000
124	0.00017	0.99975	0.04908	0.74104	0.00002	0.00003	0.00000	0.00000
125	0.00011	0.99986	0.04476	0.78581	0.00003	0.00006	0.00000	0.00000
126	0.00006	0.99992	0.03997	0.82577	0.00005	0.00011	0.00000	0.00000
127	0.00004	0.99995	0.03493	0.86070	0.00009	0.00020	0.00000	0.00000
128	0.00002	0.99998	0.02988	0.89058	0.00015	0.00035	0.00000	0.00000
129	0.00001	0.99999	0.02502	0.91560	0.00026	0.00061	0.00000	0.00000
130	0.00001	0.99999	0.02050	0.93610	0.00042	0.00103	0.00000	0.00000
131	0.00000	1.00000	0.01643	0.95252	0.00067	0.00170	0.00000	0.00000
132	0.00000	1.00000	0.01288	0.96541	0.00105	0.00275	0.00000	0.00000
133	0.00000	1.00000	0.00988	0.97528	0.00161	0.00436	0.00000	0.00000
134	0.00000	1.00000	0.00741	0.98269	0.00242	0.00678	0.00000	0.00000
135	0.00000	1.00000	0.00543	0.98813	0.00355	0.01033	0.00000	0.00000
136	0.00000	1.00000	0.00390	0.99202	0.00509	0.01542	0.00000	0.00000
137	0.00000	1.00000	0.00273	0.99475	0.00713	0.02255	0.00000	0.00000
138	0.00000	1.00000	0.00187	0.99662	0.00977	0.03232	0.00000	0.00000
139	0.00000	1.00000	0.00125	0.99787	0.01307	0.04539	0.00000	0.00000
140	0.00000	1.00000	0.00082	0.99869	0.01708	0.06247	0.00000	0.00000
141	0.00000	1.00000	0.00052	0.99921	0.02181	0.08428	0.00000	0.00000
142	0.00000	1.00000	0.00033	0.99953	0.02718	0.11147	0.00001	0.00001
143	0.00000	1.00000	0.00020	0.99973	0.03308	0.14454	0.00001	0.00002
144	0.00000	1.00000	0.00012	0.99985	0.03928	0.18382	0.00002	0.00004
145	0.00000	1.00000	0.00007	0.99992	0.04551	0.22933	0.00004	0.00008
146	0.00000	1.00000	0.00004	0.99996	0.05143	0.28077	0.00008	0.00016
147	0.00000	1.00000	0.00002	0.99998	0.05668	0.33745	0.00014	0.00030
148	0.00000	1.00000	0.00001	0.99999	0.06089	0.39834	0.00025	0.00055
149	0.00000	1.00000	0.00001	0.99999	0.06375	0.46209	0.00044	0.00099
150	0.00000	1.00000	0.00000	1.00000	0.06503	0.52712	0.00075	0.00173
151	0.00000	1.00000	0.00000	1.00000	0.06460	0.59172	0.00123	0.00297
152	0.00000	1.00000	0.00000	1.00000	0.06247	0.65420	0.00199	0.00495
153	0.00000	1.00000	0.00000	1.00000	0.05880	0.71300	0.00312	0.00807

T 5

k	p = 0.50 $B_{n,p}(\{k\})$	$B_{n,p}(\{0;...;k\})$	p = 0.60 $B_{n,p}(\{k\})$	$B_{n,p}(\{0;...;k\})$	p = 0.75 $B_{n,p}(\{k\})$	$B_{n,p}(\{0;...;k\})$	p = 5/6 $B_{n,p}(\{k\})$	$B_{n,p}(\{0;...;k\})$
154	0.00000	1.00000	0.00000	1.00000	0.05384	0.76683	0.00476	0.01283
155	0.00000	1.00000	0.00000	1.00000	0.04793	0.81476	0.00706	0.01989
156	0.00000	1.00000	0.00000	1.00000	0.04148	0.85624	0.01019	0.03008
157	0.00000	1.00000	0.00000	1.00000	0.03487	0.89111	0.01427	0.04435
158	0.00000	1.00000	0.00000	1.00000	0.02847	0.91959	0.01942	0.06377
159	0.00000	1.00000	0.00000	1.00000	0.02256	0.94215	0.02565	0.08942
160	0.00000	1.00000	0.00000	1.00000	0.01735	0.95950	0.03287	0.12229
161	0.00000	1.00000	0.00000	1.00000	0.01293	0.97242	0.04083	0.16312
162	0.00000	1.00000	0.00000	1.00000	0.00934	0.98176	0.04914	0.21226
163	0.00000	1.00000	0.00000	1.00000	0.00653	0.98829	0.05728	0.26954
164	0.00000	1.00000	0.00000	1.00000	0.00442	0.99271	0.06462	0.33416
165	0.00000	1.00000	0.00000	1.00000	0.00289	0.99560	0.07049	0.40465
166	0.00000	1.00000	0.00000	1.00000	0.00183	0.99743	0.07431	0.47897
167	0.00000	1.00000	0.00000	1.00000	0.00112	0.99855	0.07565	0.55462
168	0.00000	1.00000	0.00000	1.00000	0.00066	0.99921	0.07430	0.62892
169	0.00000	1.00000	0.00000	1.00000	0.00037	0.99958	0.07034	0.69926
170	0.00000	1.00000	0.00000	1.00000	0.00020	0.99979	0.06414	0.76339
171	0.00000	1.00000	0.00000	1.00000	0.00011	0.99990	0.05626	0.81965
172	0.00000	1.00000	0.00000	1.00000	0.00005	0.99995	0.04743	0.86708
173	0.00000	1.00000	0.00000	1.00000	0.00003	0.99998	0.03838	0.90546
174	0.00000	1.00000	0.00000	1.00000	0.00001	0.99999	0.02978	0.93524
175	0.00000	1.00000	0.00000	1.00000	0.00001	1.00000	0.02212	0.95736
176	0.00000	1.00000	0.00000	1.00000	0.00000	1.00000	0.01571	0.97307
177	0.00000	1.00000	0.00000	1.00000	0.00000	1.00000	0.01065	0.98372
178	0.00000	1.00000	0.00000	1.00000	0.00000	1.00000	0.00688	0.99060
179	0.00000	1.00000	0.00000	1.00000	0.00000	1.00000	0.00423	0.99483
180	0.00000	1.00000	0.00000	1.00000	0.00000	1.00000	0.00247	0.99730
181	0.00000	1.00000	0.00000	1.00000	0.00000	1.00000	0.00136	0.99866
182	0.00000	1.00000	0.00000	1.00000	0.00000	1.00000	0.00071	0.99937
183	0.00000	1.00000	0.00000	1.00000	0.00000	1.00000	0.00035	0.99972
184	0.00000	1.00000	0.00000	1.00000	0.00000	1.00000	0.00016	0.99989
185	0.00000	1.00000	0.00000	1.00000	0.00000	1.00000	0.00007	0.99996
186	0.00000	1.00000	0.00000	1.00000	0.00000	1.00000	0.00003	0.99998
187	0.00000	1.00000	0.00000	1.00000	0.00000	1.00000	0.00001	0.99999
188	0.00000	1.00000	0.00000	1.00000	0.00000	1.00000	0.00000	1.00000

n = 1000

T 5

k	p = 0.10 $B_{n,p}(\{k\})$	$B_{n,p}(\{0;...;k\})$	p = 1/6 $B_{n,p}(\{k\})$	$B_{n,p}(\{0;...;k\})$	p = 0.20 $B_{n,p}(\{k\})$	$B_{n,p}(\{0;...;k\})$	p = 0.25 $B_{n,p}(\{k\})$	$B_{n,p}(\{0;...;k\})$
61	0.00000	0.00001	0.00000	0.00000	0.00000	0.00000	0.00000	0.00000
62	0.00001	0.00001	0.00000	0.00000	0.00000	0.00000	0.00000	0.00000
63	0.00001	0.00002	0.00000	0.00000	0.00000	0.00000	0.00000	0.00000
64	0.00001	0.00004	0.00000	0.00000	0.00000	0.00000	0.00000	0.00000
65	0.00002	0.00006	0.00000	0.00000	0.00000	0.00000	0.00000	0.00000
66	0.00004	0.00010	0.00000	0.00000	0.00000	0.00000	0.00000	0.00000
67	0.00006	0.00016	0.00000	0.00000	0.00000	0.00000	0.00000	0.00000
68	0.00009	0.00025	0.00000	0.00000	0.00000	0.00000	0.00000	0.00000
69	0.00013	0.00038	0.00000	0.00000	0.00000	0.00000	0.00000	0.00000
70	0.00020	0.00057	0.00000	0.00000	0.00000	0.00000	0.00000	0.00000
71	0.00029	0.00086	0.00000	0.00000	0.00000	0.00000	0.00000	0.00000
72	0.00041	0.00127	0.00000	0.00000	0.00000	0.00000	0.00000	0.00000
73	0.00058	0.00185	0.00000	0.00000	0.00000	0.00000	0.00000	0.00000
74	0.00081	0.00265	0.00000	0.00000	0.00000	0.00000	0.00000	0.00000
75	0.00111	0.00376	0.00000	0.00000	0.00000	0.00000	0.00000	0.00000
76	0.00149	0.00525	0.00000	0.00000	0.00000	0.00000	0.00000	0.00000
77	0.00199	0.00725	0.00000	0.00000	0.00000	0.00000	0.00000	0.00000
78	0.00262	0.00987	0.00000	0.00000	0.00000	0.00000	0.00000	0.00000
79	0.00340	0.01327	0.00000	0.00000	0.00000	0.00000	0.00000	0.00000
80	0.00435	0.01761	0.00000	0.00000	0.00000	0.00000	0.00000	0.00000
81	0.00549	0.02310	0.00000	0.00000	0.00000	0.00000	0.00000	0.00000
82	0.00683	0.02993	0.00000	0.00000	0.00000	0.00000	0.00000	0.00000
83	0.00839	0.03832	0.00000	0.00000	0.00000	0.00000	0.00000	0.00000
84	0.01018	0.04850	0.00000	0.00000	0.00000	0.00000	0.00000	0.00000
85	0.01219	0.06069	0.00000	0.00000	0.00000	0.00000	0.00000	0.00000
86	0.01441	0.07511	0.00000	0.00000	0.00000	0.00000	0.00000	0.00000
87	0.01682	0.09193	0.00000	0.00000	0.00000	0.00000	0.00000	0.00000

k	p = 0.10 $B_{n,p}(\{k\})$	$B_{n,p}(\{0;...;k\})$	p = 1/6 $B_{n,p}(\{k\})$	$B_{n,p}(\{0;...;k\})$	p = 0.20 $B_{n,p}(\{k\})$	$B_{n,p}(\{0;...;k\})$	p = 0.25 $B_{n,p}(\{k\})$	$B_{n,p}(\{0;...;k\})$
88	0.01939	0.11132	0.00000	0.00000	0.00000	0.00000	0.00000	0.00000
89	0.02208	0.13340	0.00000	0.00000	0.00000	0.00000	0.00000	0.00000
90	0.02483	0.15824	0.00000	0.00000	0.00000	0.00000	0.00000	0.00000
91	0.02759	0.18583	0.00000	0.00000	0.00000	0.00000	0.00000	0.00000
92	0.03029	0.21613	0.00000	0.00000	0.00000	0.00000	0.00000	0.00000
93	0.03286	0.24899	0.00000	0.00000	0.00000	0.00000	0.00000	0.00000
94	0.03523	0.28422	0.00000	0.00000	0.00000	0.00000	0.00000	0.00000
95	0.03733	0.32155	0.00000	0.00000	0.00000	0.00000	0.00000	0.00000
96	0.03911	0.36066	0.00000	0.00000	0.00000	0.00000	0.00000	0.00000
97	0.04049	0.40115	0.00000	0.00000	0.00000	0.00000	0.00000	0.00000
98	0.04146	0.44261	0.00000	0.00000	0.00000	0.00000	0.00000	0.00000
99	0.04197	0.48458	0.00000	0.00000	0.00000	0.00000	0.00000	0.00000
100	0.04202	0.52660	0.00000	0.00000	0.00000	0.00000	0.00000	0.00000
101	0.04160	0.56820	0.00000	0.00000	0.00000	0.00000	0.00000	0.00000
102	0.04074	0.60894	0.00000	0.00000	0.00000	0.00000	0.00000	0.00000
103	0.03947	0.64840	0.00000	0.00000	0.00000	0.00000	0.00000	0.00000
104	0.03782	0.68623	0.00000	0.00000	0.00000	0.00000	0.00000	0.00000
105	0.03586	0.72209	0.00000	0.00000	0.00000	0.00000	0.00000	0.00000
106	0.03364	0.75573	0.00000	0.00000	0.00000	0.00000	0.00000	0.00000
107	0.03123	0.78696	0.00000	0.00000	0.00000	0.00000	0.00000	0.00000
108	0.02869	0.81565	0.00000	0.00000	0.00000	0.00000	0.00000	0.00000
109	0.02609	0.84174	0.00000	0.00000	0.00000	0.00000	0.00000	0.00000
110	0.02348	0.86522	0.00000	0.00000	0.00000	0.00000	0.00000	0.00000
111	0.02092	0.88614	0.00000	0.00000	0.00000	0.00000	0.00000	0.00000
112	0.01845	0.90459	0.00000	0.00000	0.00000	0.00000	0.00000	0.00000
113	0.01611	0.92070	0.00000	0.00000	0.00000	0.00000	0.00000	0.00000
114	0.01393	0.93463	0.00000	0.00000	0.00000	0.00000	0.00000	0.00000
115	0.01192	0.94655	0.00000	0.00000	0.00000	0.00000	0.00000	0.00000
116	0.01011	0.95666	0.00000	0.00000	0.00000	0.00000	0.00000	0.00000
117	0.00848	0.96514	0.00000	0.00001	0.00000	0.00000	0.00000	0.00000
118	0.00705	0.97219	0.00000	0.00001	0.00000	0.00000	0.00000	0.00000
119	0.00581	0.97800	0.00001	0.00002	0.00000	0.00000	0.00000	0.00000
120	0.00474	0.98274	0.00001	0.00002	0.00000	0.00000	0.00000	0.00000
121	0.00383	0.98657	0.00001	0.00003	0.00000	0.00000	0.00000	0.00000
122	0.00307	0.98964	0.00002	0.00005	0.00000	0.00000	0.00000	0.00000
123	0.00243	0.99207	0.00002	0.00007	0.00000	0.00000	0.00000	0.00000
124	0.00191	0.99398	0.00003	0.00011	0.00000	0.00000	0.00000	0.00000
125	0.00149	0.99547	0.00005	0.00015	0.00000	0.00000	0.00000	0.00000
126	0.00115	0.99662	0.00006	0.00021	0.00000	0.00000	0.00000	0.00000
127	0.00088	0.99749	0.00009	0.00030	0.00000	0.00000	0.00000	0.00000
128	0.00067	0.99816	0.00012	0.00042	0.00000	0.00000	0.00000	0.00000
129	0.00050	0.99866	0.00016	0.00058	0.00000	0.00000	0.00000	0.00000
130	0.00037	0.99903	0.00021	0.00080	0.00000	0.00000	0.00000	0.00000
131	0.00027	0.99931	0.00029	0.00108	0.00000	0.00000	0.00000	0.00000
132	0.00020	0.99951	0.00038	0.00146	0.00000	0.00000	0.00000	0.00000
133	0.00015	0.99965	0.00049	0.00195	0.00000	0.00000	0.00000	0.00000
134	0.00010	0.99976	0.00063	0.00258	0.00000	0.00000	0.00000	0.00000
135	0.00007	0.99983	0.00081	0.00340	0.00000	0.00000	0.00000	0.00000
136	0.00005	0.99988	0.00104	0.00443	0.00000	0.00000	0.00000	0.00000
137	0.00004	0.99992	0.00131	0.00574	0.00000	0.00000	0.00000	0.00000
138	0.00003	0.99995	0.00163	0.00737	0.00000	0.00000	0.00000	0.00000
139	0.00002	0.99996	0.00203	0.00940	0.00000	0.00000	0.00000	0.00000
140	0.00001	0.99998	0.00249	0.01189	0.00000	0.00000	0.00000	0.00000
141	0.00001	0.99998	0.00304	0.01493	0.00000	0.00000	0.00000	0.00000
142	0.00001	0.99999	0.00368	0.01861	0.00000	0.00000	0.00000	0.00000
143	0.00000	0.99999	0.00441	0.02303	0.00000	0.00000	0.00000	0.00000
144	0.00000	1.00000	0.00525	0.02828	0.00000	0.00000	0.00000	0.00000
145	0.00000	1.00000	0.00620	0.03449	0.00000	0.00000	0.00000	0.00000
146	0.00000	1.00000	0.00727	0.04175	0.00000	0.00000	0.00000	0.00001
147	0.00000	1.00000	0.00844	0.05020	0.00000	0.00000	0.00000	0.00001
148	0.00000	1.00000	0.00973	0.05993	0.00000	0.00000	0.00000	0.00001
149	0.00000	1.00000	0.01113	0.07106	0.00001	0.00002	0.00000	0.00000
150	0.00000	1.00000	0.01263	0.08369	0.00001	0.00003	0.00000	0.00000
151	0.00000	1.00000	0.01422	0.09791	0.00001	0.00004	0.00000	0.00000
152	0.00000	1.00000	0.01588	0.11379	0.00002	0.00005	0.00000	0.00000
153	0.00000	1.00000	0.01761	0.13140	0.00002	0.00008	0.00000	0.00000
154	0.00000	1.00000	0.01937	0.15077	0.00003	0.00011	0.00000	0.00000
155	0.00000	1.00000	0.02114	0.17191	0.00004	0.00015	0.00000	0.00000

T 5

T 5

k	p = 0.10 $B_{n,p}(\{k\})$	$B_{n,p}(\{0;...;k\})$	p = 1/6 $B_{n,p}(\{k\})$	$B_{n,p}(\{0;...;k\})$	p = 0.20 $B_{n,p}(\{k\})$	$B_{n,p}(\{0;...;k\})$	p = 0.25 $B_{n,p}(\{k\})$	$B_{n,p}(\{0;...;k\})$
156	0.00000	1.00000	0.02290	0.19481	0.00006	0.00020	0.00000	0.00000
157	0.00000	1.00000	0.02463	0.21944	0.00008	0.00028	0.00000	0.00000
158	0.00000	1.00000	0.02628	0.24571	0.00010	0.00038	0.00000	0.00000
159	0.00000	1.00000	0.02783	0.27355	0.00013	0.00051	0.00000	0.00000
160	0.00000	1.00000	0.02926	0.30280	0.00018	0.00069	0.00000	0.00000
161	0.00000	1.00000	0.03053	0.33333	0.00023	0.00092	0.00000	0.00000
162	0.00000	1.00000	0.03162	0.36495	0.00030	0.00121	0.00000	0.00000
163	0.00000	1.00000	0.03251	0.39747	0.00038	0.00159	0.00000	0.00000
164	0.00000	1.00000	0.03319	0.43066	0.00048	0.00208	0.00000	0.00000
165	0.00000	1.00000	0.03363	0.46429	0.00061	0.00269	0.00000	0.00000
166	0.00000	1.00000	0.03383	0.49812	0.00077	0.00346	0.00000	0.00000
167	0.00000	1.00000	0.03379	0.53192	0.00096	0.00443	0.00000	0.00000
168	0.00000	1.00000	0.03351	0.56543	0.00119	0.00562	0.00000	0.00000
169	0.00000	1.00000	0.03300	0.59842	0.00147	0.00709	0.00000	0.00000
170	0.00000	1.00000	0.03226	0.63068	0.00180	0.00889	0.00000	0.00000
171	0.00000	1.00000	0.03132	0.66200	0.00218	0.01107	0.00000	0.00000
172	0.00000	1.00000	0.03019	0.69218	0.00263	0.01370	0.00000	0.00000
173	0.00000	1.00000	0.02890	0.72108	0.00314	0.01684	0.00000	0.00000
174	0.00000	1.00000	0.02747	0.74855	0.00374	0.02058	0.00000	0.00000
175	0.00000	1.00000	0.02593	0.77448	0.00441	0.02499	0.00000	0.00000
176	0.00000	1.00000	0.02431	0.79878	0.00517	0.03015	0.00000	0.00000
177	0.00000	1.00000	0.02263	0.82142	0.00601	0.03616	0.00000	0.00000
178	0.00000	1.00000	0.02093	0.84235	0.00695	0.04311	0.00000	0.00000
179	0.00000	1.00000	0.01922	0.86157	0.00798	0.05109	0.00000	0.00000
180	0.00000	1.00000	0.01753	0.87910	0.00910	0.06019	0.00000	0.00000
181	0.00000	1.00000	0.01589	0.89499	0.01030	0.07049	0.00000	0.00000
182	0.00000	1.00000	0.01430	0.90929	0.01159	0.08209	0.00000	0.00000
183	0.00000	1.00000	0.01278	0.92207	0.01295	0.09504	0.00000	0.00000
184	0.00000	1.00000	0.01135	0.93343	0.01438	0.10942	0.00000	0.00000
185	0.00000	1.00000	0.01001	0.94344	0.01586	0.12528	0.00000	0.00000
186	0.00000	1.00000	0.00878	0.95222	0.01737	0.14265	0.00000	0.00000
187	0.00000	1.00000	0.00764	0.95986	0.01890	0.16155	0.00000	0.00000
188	0.00000	1.00000	0.00661	0.96647	0.02044	0.18198	0.00000	0.00000
189	0.00000	1.00000	0.00568	0.97214	0.02195	0.20393	0.00000	0.00000
190	0.00000	1.00000	0.00485	0.97699	0.02342	0.22736	0.00000	0.00000
191	0.00000	1.00000	0.00411	0.98110	0.02483	0.25219	0.00000	0.00001
192	0.00000	1.00000	0.00346	0.98457	0.02616	0.27835	0.00000	0.00001
193	0.00000	1.00000	0.00290	0.98747	0.02738	0.30573	0.00000	0.00001
194	0.00000	1.00000	0.00241	0.98988	0.02847	0.33420	0.00000	0.00002
195	0.00000	1.00000	0.00200	0.99188	0.02942	0.36362	0.00001	0.00002
196	0.00000	1.00000	0.00164	0.99351	0.03021	0.39383	0.00001	0.00003
197	0.00000	1.00000	0.00134	0.99485	0.03082	0.42465	0.00001	0.00004
198	0.00000	1.00000	0.00109	0.99594	0.03125	0.45590	0.00002	0.00006
199	0.00000	1.00000	0.00087	0.99681	0.03149	0.48739	0.00002	0.00008
200	0.00000	1.00000	0.00070	0.99751	0.03153	0.51891	0.00003	0.00011
201	0.00000	1.00000	0.00056	0.99807	0.03137	0.55028	0.00004	0.00015
202	0.00000	1.00000	0.00044	0.99851	0.03102	0.58130	0.00005	0.00020
203	0.00000	1.00000	0.00035	0.99886	0.03048	0.61178	0.00007	0.00026
204	0.00000	1.00000	0.00027	0.99913	0.02977	0.64156	0.00009	0.00035
205	0.00000	1.00000	0.00021	0.99934	0.02890	0.67046	0.00011	0.00046
206	0.00000	1.00000	0.00016	0.99950	0.02789	0.69835	0.00014	0.00060
207	0.00000	1.00000	0.00012	0.99963	0.02674	0.72509	0.00018	0.00078
208	0.00000	1.00000	0.00010	0.99972	0.02549	0.75057	0.00023	0.00102
209	0.00000	1.00000	0.00007	0.99979	0.02415	0.77472	0.00029	0.00131
210	0.00000	1.00000	0.00005	0.99985	0.02274	0.79746	0.00037	0.00168
211	0.00000	1.00000	0.00004	0.99989	0.02128	0.81874	0.00046	0.00213
212	0.00000	1.00000	0.00003	0.99992	0.01980	0.83854	0.00057	0.00270
213	0.00000	1.00000	0.00002	0.99994	0.01831	0.85686	0.00070	0.00340
214	0.00000	1.00000	0.00002	0.99996	0.01684	0.87369	0.00086	0.00426
215	0.00000	1.00000	0.00001	0.99997	0.01539	0.88908	0.00105	0.00531
216	0.00000	1.00000	0.00001	0.99998	0.01398	0.90307	0.00127	0.00658
217	0.00000	1.00000	0.00001	0.99998	0.01263	0.91570	0.00153	0.00811
218	0.00000	1.00000	0.00000	0.99999	0.01134	0.92704	0.00183	0.00994
219	0.00000	1.00000	0.00000	0.99999	0.01012	0.93716	0.00218	0.01212
220	0.00000	1.00000	0.00000	0.99999	0.00898	0.94614	0.00258	0.01470
221	0.00000	1.00000	0.00000	1.00000	0.00793	0.95407	0.00303	0.01773
222	0.00000	1.00000	0.00000	1.00000	0.00695	0.96102	0.00355	0.02128
223	0.00000	1.00000	0.00000	1.00000	0.00607	0.96709	0.00413	0.02540

k	p = 0.10		p = 1/6		p = 0.20		p = 0.25	
	$B_{n,p}(\{k\})$	$B_{n,p}(\{0;\ldots;k\})$	$B_{n,p}(\{k\})$	$B_{n,p}(\{0;\ldots;k\})$	$B_{n,p}(\{k\})$	$B_{n,p}(\{0;\ldots;k\})$	$B_{n,p}(\{k\})$	$B_{n,p}(\{0;\ldots;k\})$
224	0.00000	1.00000	0.00000	1.00000	0.00526	0.97235	0.00477	0.03017
225	0.00000	1.00000	0.00000	1.00000	0.00454	0.97689	0.00548	0.03566
226	0.00000	1.00000	0.00000	1.00000	0.00389	0.98077	0.00627	0.04193
227	0.00000	1.00000	0.00000	1.00000	0.00331	0.98409	0.00712	0.04905
228	0.00000	1.00000	0.00000	1.00000	0.00281	0.98690	0.00805	0.05710
229	0.00000	1.00000	0.00000	1.00000	0.00237	0.98926	0.00905	0.06615
230	0.00000	1.00000	0.00000	1.00000	0.00198	0.99125	0.01011	0.07626
231	0.00000	1.00000	0.00000	1.00000	0.00165	0.99290	0.01123	0.08749
232	0.00000	1.00000	0.00000	1.00000	0.00137	0.99427	0.01241	0.09990
233	0.00000	1.00000	0.00000	1.00000	0.00113	0.99540	0.01364	0.11354
234	0.00000	1.00000	0.00000	1.00000	0.00093	0.99633	0.01490	0.12844
235	0.00000	1.00000	0.00000	1.00000	0.00075	0.99708	0.01619	0.14463
236	0.00000	1.00000	0.00000	1.00000	0.00061	0.99769	0.01749	0.16212
237	0.00000	1.00000	0.00000	1.00000	0.00049	0.99818	0.01880	0.18092
238	0.00000	1.00000	0.00000	1.00000	0.00039	0.99858	0.02009	0.20100
239	0.00000	1.00000	0.00000	1.00000	0.00031	0.99889	0.02135	0.22235
240	0.00000	1.00000	0.00000	1.00000	0.00025	0.99914	0.02256	0.24491
241	0.00000	1.00000	0.00000	1.00000	0.00020	0.99934	0.02372	0.26863
242	0.00000	1.00000	0.00000	1.00000	0.00015	0.99949	0.02479	0.29342
243	0.00000	1.00000	0.00000	1.00000	0.00012	0.99961	0.02578	0.31920
244	0.00000	1.00000	0.00000	1.00000	0.00009	0.99971	0.02666	0.34586
245	0.00000	1.00000	0.00000	1.00000	0.00007	0.99978	0.02742	0.37328
246	0.00000	1.00000	0.00000	1.00000	0.00006	0.99983	0.02805	0.40134
247	0.00000	1.00000	0.00000	1.00000	0.00004	0.99988	0.02855	0.42989
248	0.00000	1.00000	0.00000	1.00000	0.00003	0.99991	0.02889	0.45878
249	0.00000	1.00000	0.00000	1.00000	0.00002	0.99993	0.02909	0.48786
250	0.00000	1.00000	0.00000	1.00000	0.00002	0.99995	0.02912	0.51699
251	0.00000	1.00000	0.00000	1.00000	0.00001	0.99996	0.02901	0.54599
252	0.00000	1.00000	0.00000	1.00000	0.00001	0.99997	0.02874	0.57473
253	0.00000	1.00000	0.00000	1.00000	0.00001	0.99998	0.02832	0.60306
254	0.00000	1.00000	0.00000	1.00000	0.00001	0.99999	0.02777	0.63082
255	0.00000	1.00000	0.00000	1.00000	0.00000	0.99999	0.02708	0.65790
256	0.00000	1.00000	0.00000	1.00000	0.00000	0.99999	0.02626	0.68416
257	0.00000	1.00000	0.00000	1.00000	0.00000	0.99999	0.02535	0.70951
258	0.00000	1.00000	0.00000	1.00000	0.00000	1.00000	0.02433	0.73384
259	0.00000	1.00000	0.00000	1.00000	0.00000	1.00000	0.02323	0.75707
260	0.00000	1.00000	0.00000	1.00000	0.00000	1.00000	0.02207	0.77915
261	0.00000	1.00000	0.00000	1.00000	0.00000	1.00000	0.02086	0.80001
262	0.00000	1.00000	0.00000	1.00000	0.00000	1.00000	0.01961	0.81962
263	0.00000	1.00000	0.00000	1.00000	0.00000	1.00000	0.01835	0.83796
264	0.00000	1.00000	0.00000	1.00000	0.00000	1.00000	0.01707	0.85503
265	0.00000	1.00000	0.00000	1.00000	0.00000	1.00000	0.01580	0.87084
266	0.00000	1.00000	0.00000	1.00000	0.00000	1.00000	0.01456	0.88540
267	0.00000	1.00000	0.00000	1.00000	0.00000	1.00000	0.01334	0.89873
268	0.00000	1.00000	0.00000	1.00000	0.00000	1.00000	0.01216	0.91090
269	0.00000	1.00000	0.00000	1.00000	0.00000	1.00000	0.01103	0.92193
270	0.00000	1.00000	0.00000	1.00000	0.00000	1.00000	0.00995	0.93188
271	0.00000	1.00000	0.00000	1.00000	0.00000	1.00000	0.00894	0.94082
272	0.00000	1.00000	0.00000	1.00000	0.00000	1.00000	0.00799	0.94881
273	0.00000	1.00000	0.00000	1.00000	0.00000	1.00000	0.00710	0.95590
274	0.00000	1.00000	0.00000	1.00000	0.00000	1.00000	0.00628	0.96218
275	0.00000	1.00000	0.00000	1.00000	0.00000	1.00000	0.00552	0.96771
276	0.00000	1.00000	0.00000	1.00000	0.00000	1.00000	0.00484	0.97254
277	0.00000	1.00000	0.00000	1.00000	0.00000	1.00000	0.00421	0.97676
278	0.00000	1.00000	0.00000	1.00000	0.00000	1.00000	0.00365	0.98041
279	0.00000	1.00000	0.00000	1.00000	0.00000	1.00000	0.00315	0.98356
280	0.00000	1.00000	0.00000	1.00000	0.00000	1.00000	0.00271	0.98627
281	0.00000	1.00000	0.00000	1.00000	0.00000	1.00000	0.00231	0.98858
282	0.00000	1.00000	0.00000	1.00000	0.00000	1.00000	0.00196	0.99054
283	0.00000	1.00000	0.00000	1.00000	0.00000	1.00000	0.00166	0.99220
284	0.00000	1.00000	0.00000	1.00000	0.00000	1.00000	0.00140	0.99360
285	0.00000	1.00000	0.00000	1.00000	0.00000	1.00000	0.00117	0.99477
286	0.00000	1.00000	0.00000	1.00000	0.00000	1.00000	0.00098	0.99575
287	0.00000	1.00000	0.00000	1.00000	0.00000	1.00000	0.00081	0.99655
288	0.00000	1.00000	0.00000	1.00000	0.00000	1.00000	0.00067	0.99722
289	0.00000	1.00000	0.00000	1.00000	0.00000	1.00000	0.00055	0.99777
290	0.00000	1.00000	0.00000	1.00000	0.00000	1.00000	0.00045	0.99822
291	0.00000	1.00000	0.00000	1.00000	0.00000	1.00000	0.00036	0.99858

T 5

k	p = 0.10 $B_{n,p}(\{k\})$	$B_{n,p}(\{0;\ldots;k\})$	p = 1/6 $B_{n,p}(\{k\})$	$B_{n,p}(\{0;\ldots;k\})$	p = 0.20 $B_{n,p}(\{k\})$	$B_{n,p}(\{0;\ldots;k\})$	p = 0.25 $B_{n,p}(\{k\})$	$B_{n,p}(\{0;\ldots;k\})$
292	0.00000	1.00000	0.00000	1.00000	0.00000	1.00000	0.00029	0.99888
293	0.00000	1.00000	0.00000	1.00000	0.00000	1.00000	0.00024	0.99911
294	0.00000	1.00000	0.00000	1.00000	0.00000	1.00000	0.00019	0.99931
295	0.00000	1.00000	0.00000	1.00000	0.00000	1.00000	0.00015	0.99946
296	0.00000	1.00000	0.00000	1.00000	0.00000	1.00000	0.00012	0.99958
297	0.00000	1.00000	0.00000	1.00000	0.00000	1.00000	0.00010	0.99967
298	0.00000	1.00000	0.00000	1.00000	0.00000	1.00000	0.00007	0.99975
299	0.00000	1.00000	0.00000	1.00000	0.00000	1.00000	0.00006	0.99981
300	0.00000	1.00000	0.00000	1.00000	0.00000	1.00000	0.00005	0.99985
301	0.00000	1.00000	0.00000	1.00000	0.00000	1.00000	0.00004	0.99989
302	0.00000	1.00000	0.00000	1.00000	0.00000	1.00000	0.00003	0.99991
303	0.00000	1.00000	0.00000	1.00000	0.00000	1.00000	0.00002	0.99994
304	0.00000	1.00000	0.00000	1.00000	0.00000	1.00000	0.00002	0.99995
305	0.00000	1.00000	0.00000	1.00000	0.00000	1.00000	0.00001	0.99996
306	0.00000	1.00000	0.00000	1.00000	0.00000	1.00000	0.00001	0.99997
307	0.00000	1.00000	0.00000	1.00000	0.00000	1.00000	0.00001	0.99998
308	0.00000	1.00000	0.00000	1.00000	0.00000	1.00000	0.00001	0.99999
309	0.00000	1.00000	0.00000	1.00000	0.00000	1.00000	0.00000	0.99999
310	0.00000	1.00000	0.00000	1.00000	0.00000	1.00000	0.00000	0.99999
311	0.00000	1.00000	0.00000	1.00000	0.00000	1.00000	0.00000	0.99999
312	0.00000	1.00000	0.00000	1.00000	0.00000	1.00000	0.00000	1.00000

Tabellen zur hypergeometrischen Verteilung

Die Tabellen enthalten jeweils in der ersten Spalte $H_{N,M,n}(\{k\}) = \dfrac{\dbinom{M}{k}\cdot\dbinom{N-M}{n-k}}{\dbinom{N}{n}}$

und in der zweiten Spalte $H_{N,M,n}(\{0;\ldots;k\}) = \sum\limits_{i=0}^{k}\dfrac{\dbinom{M}{i}\cdot\dbinom{N-M}{n-i}}{\dbinom{N}{n}}$

Die Werte sind auf fünf Stellen nach dem Komma gerundet.

N = 50, n = 5

T 6

k	M = 5 $H_{N,M,n}(\{k\})$	$H_{N,M,n}(\{0;\ldots;k\})$	M = 10 $H_{N,M,n}(\{k\})$	$H_{N,M,n}(\{0;\ldots;k\})$	M = 20 $H_{N,M,n}(\{k\})$	$H_{N,M,n}(\{0;\ldots;k\})$	M = 30 $H_{N,M,n}(\{k\})$	$H_{N,M,n}(\{0;\ldots;k\})$
0	0.57664	0.57664	0.31056	0.31056	0.06726	0.06726	0.00732	0.00732
1	0.35161	0.92825	0.43134	0.74190	0.25869	0.32595	0.06860	0.07592
2	0.06697	0.99522	0.20984	0.95174	0.36408	0.69003	0.23405	0.30997
3	0.00467	0.99989	0.04418	0.99592	0.23405	0.92408	0.36408	0.67405
4	0.00011	1.00000	0.00396	0.99988	0.06860	0.99268	0.25869	0.93274
5	0.00000	1.00000	0.00012	1.00000	0.00732	1.00000	0.06726	1.00000

N = 50, n = 10

k	M = 10 $H_{N,M,n}(\{k\})$	$H_{N,M,n}(\{0;\ldots;k\})$	M = 20 $H_{N,M,n}(\{k\})$	$H_{N,M,n}(\{0;\ldots;k\})$	M = 30 $H_{N,M,n}(\{k\})$	$H_{N,M,n}(\{0;\ldots;k\})$	M = 40 $H_{N,M,n}(\{k\})$	$H_{N,M,n}(\{0;\ldots;k\})$
0	0.08252	0.08252	0.00292	0.00292	0.00002	0.00002	0.00000	0.00000
1	0.26619	0.34871	0.02786	0.03078	0.00049	0.00051	0.00000	0.00000
2	0.33690	0.68561	0.10826	0.13904	0.00533	0.00584	0.00000	0.00000
3	0.21779	0.90340	0.22593	0.36497	0.03064	0.03648	0.00012	0.00012
4	0.07847	0.98187	0.28006	0.64503	0.10341	0.13989	0.00187	0.00199
5	0.01614	0.99801	0.21509	0.86011	0.21509	0.35497	0.01614	0.01813
6	0.00187	0.99988	0.10341	0.96352	0.28006	0.63503	0.07847	0.09660
7	0.00012	1.00000	0.03064	0.99416	0.22593	0.86096	0.21779	0.31439
8	0.00000	1.00000	0.00533	0.99949	0.10826	0.96922	0.33690	0.65129
9	0.00000	1.00000	0.00049	0.99998	0.02786	0.99708	0.26619	0.91748
10	0.00000	1.00000	0.00002	1.00000	0.00292	1.00000	0.08252	1.00000

N = 100, n = 5

k	M = 10 $H_{N,M,n}(\{k\})$	$H_{N,M,n}(\{0;\ldots;k\})$	M = 20 $H_{N,M,n}(\{k\})$	$H_{N,M,n}(\{0;\ldots;k\})$	M = 40 $H_{N,M,n}(\{k\})$	$H_{N,M,n}(\{0;\ldots;k\})$	M = 50 $H_{N,M,n}(\{k\})$	$H_{N,M,n}(\{0;\ldots;k\})$
0	0.58375	0.58375	0.31931	0.31931	0.07254	0.07254	0.02814	0.02814
1	0.33939	0.92314	0.42014	0.73945	0.25908	0.33162	0.15295	0.18109
2	0.07022	0.99336	0.20734	0.94680	0.35453	0.68615	0.31891	0.50000
3	0.00638	0.99975	0.04785	0.99465	0.23228	0.91843	0.31891	0.81891
4	0.00025	1.00000	0.00515	0.99979	0.07283	0.99126	0.15295	0.97186
5	0.00000	1.00000	0.00021	1.00000	0.00874	1.00000	0.02814	1.00000

N = 100, n = 5

k	M = 60 $H_{N,M,n}(\{k\})$	$H_{N,M,n}(\{0;\ldots;k\})$	M = 70 $H_{N,M,n}(\{k\})$	$H_{N,M,n}(\{0;\ldots;k\})$	M = 80 $H_{N,M,n}(\{k\})$	$H_{N,M,n}(\{0;\ldots;k\})$	M = 90 $H_{N,M,n}(\{k\})$	$H_{N,M,n}(\{0;\ldots;k\})$
0	0.00874	0.00874	0.00189	0.00189	0.00021	0.00021	0.00000	0.00000
1	0.07283	0.08157	0.02548	0.02737	0.00515	0.00535	0.00025	0.00025
2	0.23228	0.31385	0.13023	0.15761	0.04785	0.05320	0.00638	0.00664
3	0.35453	0.66838	0.31628	0.47389	0.20734	0.26055	0.07022	0.07686
4	0.25908	0.92746	0.36536	0.83924	0.42014	0.68069	0.33939	0.41625
5	0.07254	1.00000	0.16076	1.00000	0.31931	1.00000	0.58375	1.00000

N = 100, n = 10

k	M = 10 $H_{N,M,n}(\{k\})$	$H_{N,M,n}(\{0;\ldots;k\})$	M = 20 $H_{N,M,n}(\{k\})$	$H_{N,M,n}(\{0;\ldots;k\})$	M = 40 $H_{N,M,n}(\{k\})$	$H_{N,M,n}(\{0;\ldots;k\})$	M = 50 $H_{N,M,n}(\{k\})$	$H_{N,M,n}(\{0;\ldots;k\})$
0	0.33048	0.33048	0.09512	0.09512	0.00436	0.00436	0.00059	0.00059
1	0.40800	0.73847	0.26793	0.36305	0.03416	0.03852	0.00724	0.00783
2	0.20151	0.93998	0.31817	0.68122	0.11529	0.15381	0.03799	0.04582
3	0.05179	0.99178	0.20921	0.89043	0.22043	0.37424	0.11310	0.15892
4	0.00755	0.99933	0.08411	0.97454	0.26431	0.63855	0.21141	0.37033
5	0.00064	0.99997	0.02153	0.99607	0.20761	0.84616	0.25933	0.62967
6	0.00003	1.00000	0.00354	0.99961	0.10813	0.95428	0.21141	0.84108
7	0.00000	1.00000	0.00037	0.99998	0.03686	0.99114	0.11310	0.95418
8	0.00000	1.00000	0.00002	1.00000	0.00786	0.99900	0.03799	0.99217
9	0.00000	1.00000	0.00000	1.00000	0.00095	0.99995	0.00724	0.99941
10	0.00000	1.00000	0.00000	1.00000	0.00005	1.00000	0.00059	1.00000

N = 100, n = 10

k	M = 60 $H_{N,M,n}(\{k\})$	$H_{N,M,n}(\{0;\ldots;k\})$	M = 70 $H_{N,M,n}(\{k\})$	$H_{N,M,n}(\{0;\ldots;k\})$	M = 80 $H_{N,M,n}(\{k\})$	$H_{N,M,n}(\{0;\ldots;k\})$	M = 90 $H_{N,M,n}(\{k\})$	$H_{N,M,n}(\{0;\ldots;k\})$
0	0.00005	0.00005	0.00000	0.00000	0.00000	0.00000	0.00000	0.00000
1	0.00095	0.00100	0.00006	0.00006	0.00000	0.00000	0.00000	0.00000
2	0.00786	0.00886	0.00082	0.00088	0.00002	0.00002	0.00000	0.00000
3	0.03686	0.04572	0.00644	0.00731	0.00037	0.00039	0.00000	0.00000
4	0.10813	0.15384	0.03145	0.03877	0.00354	0.00393	0.00003	0.00003
5	0.20761	0.36145	0.09964	0.13840	0.02153	0.02546	0.00064	0.00067
6	0.26431	0.62576	0.20758	0.34598	0.08411	0.10957	0.00755	0.00822
7	0.22043	0.84619	0.28116	0.62714	0.20921	0.31878	0.05179	0.06002
8	0.11529	0.96148	0.23723	0.86438	0.31817	0.63695	0.20151	0.26153
9	0.03416	0.99564	0.11271	0.97708	0.26793	0.90488	0.40800	0.66952
10	0.00436	1.00000	0.02292	1.00000	0.09512	1.00000	0.33048	1.00000

N = 1000, n = 20

k	M = 100 $H_{N,M,n}(\{k\})$	$H_{N,M,n}(\{0;\ldots;k\})$	M = 200 $H_{N,M,n}(\{k\})$	$H_{N,M,n}(\{0;\ldots;k\})$	M = 300 $H_{N,M,n}(\{k\})$	$H_{N,M,n}(\{0;\ldots;k\})$	M = 400 $H_{N,M,n}(\{k\})$	$H_{N,M,n}(\{0;\ldots;k\})$
0	0.11900	0.11900	0.01099	0.01099	0.00073	0.00073	0.00003	0.00003
1	0.27015	0.38915	0.05627	0.06726	0.00647	0.00721	0.00044	0.00047
2	0.28807	0.67722	0.13603	0.20329	0.02696	0.03416	0.00288	0.00336
3	0.19183	0.86905	0.20639	0.40968	0.07057	0.10473	0.01181	0.01516
4	0.08946	0.95851	0.22041	0.63010	0.13022	0.23495	0.03411	0.04927
5	0.03105	0.98956	0.17611	0.80620	0.18007	0.41501	0.07388	0.12316
6	0.00832	0.99789	0.10923	0.91543	0.19358	0.60860	0.12451	0.24766
7	0.00176	0.99965	0.05385	0.96928	0.16569	0.77428	0.16714	0.41480

k	M = 100 $H_{N,M,n}(\{k\})$	M = 100 $H_{N,M,n}(\{0;…;k\})$	M = 200 $H_{N,M,n}(\{k\})$	M = 200 $H_{N,M,n}(\{0;…;k\})$	M = 300 $H_{N,M,n}(\{k\})$	M = 300 $H_{N,M,n}(\{0;…;k\})$	M = 400 $H_{N,M,n}(\{k\})$	M = 400 $H_{N,M,n}(\{0;…;k\})$
8	0.00030	0.99995	0.02143	0.99071	0.11466	0.88895	0.18153	0.59633
9	0.00004	0.99999	0.00695	0.99766	0.06479	0.95374	0.16109	0.75741
10	0.00000	1.00000	0.00185	0.99951	0.03006	0.98380	0.11743	0.87484
11	0.00000	1.00000	0.00040	0.99992	0.01147	0.99526	0.07045	0.94529
12	0.00000	1.00000	0.00007	0.99999	0.00359	0.99886	0.03472	0.98001
13	0.00000	1.00000	0.00001	1.00000	0.00092	0.99977	0.01398	0.99399
14	0.00000	1.00000	0.00000	1.00000	0.00019	0.99996	0.00455	0.99854
15	0.00000	1.00000	0.00000	1.00000	0.00003	1.00000	0.00118	0.99972
16	0.00000	1.00000	0.00000	1.00000	0.00000	1.00000	0.00024	0.99996
17	0.00000	1.00000	0.00000	1.00000	0.00000	1.00000	0.00004	1.00000
18	0.00000	1.00000	0.00000	1.00000	0.00000	1.00000	0.00000	1.00000
19	0.00000	1.00000	0.00000	1.00000	0.00000	1.00000	0.00000	1.00000
20	0.00000	1.00000	0.00000	1.00000	0.00000	1.00000	0.00000	1.00000

N = 1000, n = 20

k	M = 500 $H_{N,M,n}(\{k\})$	M = 500 $H_{N,M,n}(\{0;…;k\})$	M = 600 $H_{N,M,n}(\{k\})$	M = 600 $H_{N,M,n}(\{0;…;k\})$	M = 700 $H_{N,M,n}(\{k\})$	M = 700 $H_{N,M,n}(\{0;…;k\})$	M = 800 $H_{N,M,n}(\{k\})$	M = 800 $H_{N,M,n}(\{0;…;k\})$
0	0.00000	0.00000	0.00000	0.00000	0.00000	0.00000	0.00000	0.00000
1	0.00002	0.00002	0.00000	0.00000	0.00000	0.00000	0.00000	0.00000
2	0.00016	0.00018	0.00000	0.00000	0.00000	0.00000	0.00000	0.00000
4	0.00434	0.00551	0.00024	0.00028	0.00000	0.00000	0.00000	0.00000
5	0.01419	0.01970	0.00118	0.00146	0.00003	0.00004	0.00000	0.00000
6	0.03614	0.05584	0.00455	0.00601	0.00019	0.00023	0.00000	0.00000
7	0.07332	0.12916	0.01398	0.01999	0.00092	0.00114	0.00001	0.00001
8	0.12037	0.24953	0.03472	0.05471	0.00359	0.00474	0.00007	0.00008
9	0.16147	0.41101	0.07045	0.12516	0.01147	0.01620	0.00040	0.00049
10	0.17798	0.58899	0.11743	0.24259	0.03006	0.04626	0.00185	0.00234
11	0.16147	0.75047	0.16109	0.40367	0.06479	0.11105	0.00695	0.00929
12	0.12037	0.87084	0.18153	0.58520	0.11466	0.22572	0.02143	0.03072
13	0.07332	0.94416	0.16714	0.75234	0.16569	0.39140	0.05385	0.08457
14	0.03614	0.98030	0.12451	0.87684	0.19358	0.58499	0.10923	0.19380
15	0.01419	0.99449	0.07388	0.95073	0.18007	0.76505	0.17611	0.36990
16	0.00434	0.99883	0.03411	0.98484	0.13022	0.89527	0.22041	0.59032
17	0.00099	0.99982	0.01181	0.99664	0.07057	0.96584	0.20639	0.79671
18	0.00016	0.99998	0.00288	0.99953	0.02696	0.99279	0.13603	0.93274
19	0.00002	1.00000	0.00044	0.99997	0.00647	0.99927	0.05627	0.98901
20	0.00000	1.00000	0.00003	1.00000	0.00073	1.00000	0.01099	1.00000

N = 1000, n = 50

k	M = 100 $H_{N,M,n}(\{k\})$	M = 100 $H_{N,M,n}(\{0;…;k\})$	M = 200 $H_{N,M,n}(\{k\})$	M = 200 $H_{N,M,n}(\{0;…;k\})$	M = 300 $H_{N,M,n}(\{k\})$	M = 300 $H_{N,M,n}(\{0;…;k\})$	M = 400 $H_{N,M,n}(\{k\})$	M = 400 $H_{N,M,n}(\{0;…;k\})$
0	0.00448	0.00448	0.00001	0.00001	0.00000	0.00000	0.00000	0.00000
1	0.02630	0.03077	0.00014	0.00015	0.00000	0.00000	0.00000	0.00000
2	0.07486	0.10564	0.00090	0.00105	0.00000	0.00000	0.00000	0.00000
3	0.13762	0.24325	0.00377	0.00482	0.00002	0.00002	0.00000	0.00000
4	0.18366	0.42692	0.01158	0.01639	0.00010	0.00013	0.00000	0.00000
5	0.18972	0.61664	0.02765	0.04405	0.00044	0.00056	0.00000	0.00000
6	0.15792	0.77455	0.05349	0.09754	0.00147	0.00204	0.00001	0.00001
7	0.10887	0.88343	0.08617	0.18371	0.00414	0.00618	0.00003	0.00004
8	0.06343	0.94686	0.11793	0.30164	0.00991	0.01609	0.00013	0.00017
9	0.03170	0.97856	0.13922	0.44086	0.02049	0.03658	0.00041	0.00058
10	0.01375	0.99231	0.14345	0.58430	0.03704	0.07362	0.00118	0.00176
11	0.00523	0.99754	0.13024	0.71454	0.05909	0.13271	0.00299	0.00475
12	0.00175	0.99930	0.10498	0.81952	0.08384	0.21655	0.00672	0.01148
13	0.00052	0.99982	0.07561	0.89514	0.10646	0.32301	0.01354	0.02502
14	0.00014	0.99996	0.04891	0.94405	0.12161	0.44462	0.02456	0.04958
15	0.00003	0.99999	0.02854	0.97259	0.12552	0.57014	0.04027	0.08985
16	0.00001	1.00000	0.01508	0.98767	0.11750	0.68764	0.05992	0.14976
17	0.00000	1.00000	0.00723	0.99490	0.10006	0.78770	0.08116	0.23092
18	0.00000	1.00000	0.00316	0.99806	0.07772	0.86542	0.10033	0.33125
19	0.00000	1.00000	0.00126	0.99932	0.05517	0.92060	0.11344	0.44470
20	0.00000	1.00000	0.00046	0.99978	0.03587	0.95646	0.11753	0.56223
21	0.00000	1.00000	0.00015	0.99994	0.02138	0.97784	0.11174	0.67397
22	0.00000	1.00000	0.00005	0.99998	0.01170	0.98955	0.09760	0.77156

k	M = 100 $H_{N,M,n}(\{k\})$	$H_{N,M,n}(\{0;\dots;k\})$	M = 200 $H_{N,M,n}(\{k\})$	$H_{N,M,n}(\{0;\dots;k\})$	M = 300 $H_{N,M,n}(\{k\})$	$H_{N,M,n}(\{0;\dots;k\})$	M = 400 $H_{N,M,n}(\{k\})$	$H_{N,M,n}(\{0;\dots;k\})$
23	0.00000	1.00000	0.00001	1.00000	0.00588	0.99543	0.07838	0.84994
24	0.00000	1.00000	0.00000	1.00000	0.00272	0.99815	0.05791	0.90786
25	0.00000	1.00000	0.00000	1.00000	0.00116	0.99931	0.03938	0.94724
26	0.00000	1.00000	0.00000	1.00000	0.00045	0.99976	0.02466	0.97190
27	0.00000	1.00000	0.00000	1.00000	0.00016	0.99992	0.01421	0.98610
28	0.00000	1.00000	0.00000	1.00000	0.00005	0.99998	0.00753	0.99363
29	0.00000	1.00000	0.00000	1.00000	0.00002	0.99999	0.00367	0.99730
30	0.00000	1.00000	0.00000	1.00000	0.00000	1.00000	0.00164	0.99895
31	0.00000	1.00000	0.00000	1.00000	0.00000	1.00000	0.00068	0.99962
32	0.00000	1.00000	0.00000	1.00000	0.00000	1.00000	0.00025	0.99987
33	0.00000	1.00000	0.00000	1.00000	0.00000	1.00000	0.00009	0.99996
34	0.00000	1.00000	0.00000	1.00000	0.00000	1.00000	0.00003	0.99999
35	0.00000	1.00000	0.00000	1.00000	0.00000	1.00000	0.00001	1.00000
36	0.00000	1.00000	0.00000	1.00000	0.00000	1.00000	0.00000	1.00000
37	0.00000	1.00000	0.00000	1.00000	0.00000	1.00000	0.00000	1.00000
38	0.00000	1.00000	0.00000	1.00000	0.00000	1.00000	0.00000	1.00000
39	0.00000	1.00000	0.00000	1.00000	0.00000	1.00000	0.00000	1.00000
40	0.00000	1.00000	0.00000	1.00000	0.00000	1.00000	0.00000	1.00000
41	0.00000	1.00000	0.00000	1.00000	0.00000	1.00000	0.00000	1.00000
42	0.00000	1.00000	0.00000	1.00000	0.00000	1.00000	0.00000	1.00000
43	0.00000	1.00000	0.00000	1.00000	0.00000	1.00000	0.00000	1.00000
44	0.00000	1.00000	0.00000	1.00000	0.00000	1.00000	0.00000	1.00000
45	0.00000	1.00000	0.00000	1.00000	0.00000	1.00000	0.00000	1.00000
46	0.00000	1.00000	0.00000	1.00000	0.00000	1.00000	0.00000	1.00000
47	0.00000	1.00000	0.00000	1.00000	0.00000	1.00000	0.00000	1.00000
48	0.00000	1.00000	0.00000	1.00000	0.00000	1.00000	0.00000	1.00000
49	0.00000	1.00000	0.00000	1.00000	0.00000	1.00000	0.00000	1.00000
50	0.00000	1.00000	0.00000	1.00000	0.00000	1.00000	0.00000	1.00000

N = 1000, n = 50

k	M = 500 $H_{N,M,n}(\{k\})$	$H_{N,M,n}(\{0;\dots;k\})$	M = 600 $H_{N,M,n}(\{k\})$	$H_{N,M,n}(\{0;\dots;k\})$	M = 700 $H_{N,M,n}(\{k\})$	$H_{N,M,n}(\{0;\dots;k\})$	M = 800 $H_{N,M,n}(\{k\})$	$H_{N,M,n}(\{0;\dots;k\})$
0	0.00000	0.00000	0.00000	0.00000	0.00000	0.00000	0.00000	0.00000
1	0.00000	0.00000	0.00000	0.00000	0.00000	0.00000	0.00000	0.00000
2	0.00000	0.00000	0.00000	0.00000	0.00000	0.00000	0.00000	0.00000
3	0.00000	0.00000	0.00000	0.00000	0.00000	0.00000	0.00000	0.00000
4	0.00000	0.00000	0.00000	0.00000	0.00000	0.00000	0.00000	0.00000
5	0.00000	0.00000	0.00000	0.00000	0.00000	0.00000	0.00000	0.00000
6	0.00000	0.00000	0.00000	0.00000	0.00000	0.00000	0.00000	0.00000
7	0.00000	0.00000	0.00000	0.00000	0.00000	0.00000	0.00000	0.00000
8	0.00000	0.00000	0.00000	0.00000	0.00000	0.00000	0.00000	0.00000
9	0.00000	0.00000	0.00000	0.00000	0.00000	0.00000	0.00000	0.00000
10	0.00001	0.00001	0.00000	0.00000	0.00000	0.00000	0.00000	0.00000
11	0.00002	0.00003	0.00000	0.00000	0.00000	0.00000	0.00000	0.00000
12	0.00008	0.00011	0.00000	0.00000	0.00000	0.00000	0.00000	0.00000
13	0.00024	0.00035	0.00000	0.00000	0.00000	0.00000	0.00000	0.00000
14	0.00066	0.00101	0.00000	0.00000	0.00000	0.00000	0.00000	0.00000
15	0.00166	0.00267	0.00001	0.00001	0.00000	0.00000	0.00000	0.00000
16	0.00378	0.00645	0.00003	0.00004	0.00000	0.00000	0.00000	0.00000
17	0.00784	0.01430	0.00009	0.00013	0.00000	0.00000	0.00000	0.00000
18	0.01484	0.02914	0.00025	0.00038	0.00000	0.00000	0.00000	0.00000
19	0.02569	0.05483	0.00068	0.00105	0.00000	0.00000	0.00000	0.00000
20	0.04075	0.09557	0.00164	0.00270	0.00000	0.00001	0.00000	0.00000
21	0.05932	0.15489	0.00367	0.00637	0.00002	0.00002	0.00000	0.00000
22	0.07936	0.23425	0.00753	0.01390	0.00005	0.00008	0.00000	0.00000
23	0.09763	0.33188	0.01421	0.02810	0.00016	0.00024	0.00000	0.00000
24	0.11053	0.44240	0.02466	0.05276	0.00045	0.00069	0.00000	0.00000
25	0.11519	0.55760	0.03938	0.09214	0.00116	0.00185	0.00000	0.00000
26	0.11053	0.66812	0.05791	0.15006	0.00272	0.00457	0.00000	0.00000
27	0.09763	0.76575	0.07838	0.22844	0.00588	0.01045	0.00001	0.00002
28	0.07936	0.84511	0.09760	0.32603	0.01170	0.02216	0.00005	0.00006
29	0.05932	0.90443	0.11174	0.43777	0.02138	0.04354	0.00015	0.00022
30	0.04075	0.94517	0.11753	0.55530	0.03587	0.07940	0.00046	0.00068
31	0.02569	0.97086	0.11344	0.66875	0.05517	0.13458	0.00126	0.00194
32	0.01484	0.98570	0.10033	0.76908	0.07772	0.21230	0.00316	0.00510
33	0.00784	0.99355	0.08116	0.85024	0.10006	0.31236	0.00723	0.01233

k	M = 500		M = 600		M = 700		M = 800	
---	$H_{N,M,n}(\{k\})$	$H_{N,M,n}(\{0;...;k\})$	$H_{N,M,n}(\{k\})$	$H_{N,M,n}(\{0;...;k\})$	$H_{N,M,n}(\{k\})$	$H_{N,M,n}(\{0;...;k\})$	$H_{N,M,n}(\{k\})$	$H_{N,M,n}(\{0;...;k\})$
34	0.00378	0.99733	0.05992	0.91015	0.11750	0.42986	0.01508	0.02741
35	0.00166	0.99899	0.04027	0.95042	0.12552	0.55538	0.02854	0.05595
36	0.00066	0.99965	0.02456	0.97498	0.12161	0.67699	0.04891	0.10486
37	0.00024	0.99989	0.01354	0.98852	0.10646	0.78345	0.07561	0.18048
38	0.00008	0.99997	0.00672	0.99525	0.08384	0.86729	0.10498	0.28546
39	0.00002	0.99999	0.00299	0.99824	0.05909	0.92638	0.13024	0.41570
40	0.00001	1.00000	0.00118	0.99942	0.03704	0.96342	0.14345	0.55914
41	0.00000	1.00000	0.00041	0.99983	0.02049	0.98391	0.13922	0.69836
42	0.00000	1.00000	0.00013	0.99996	0.00991	0.99382	0.11793	0.81629
43	0.00000	1.00000	0.00003	0.99999	0.00414	0.99796	0.08617	0.90246
44	0.00000	1.00000	0.00001	1.00000	0.00147	0.99944	0.05349	0.95595
45	0.00000	1.00000	0.00000	1.00000	0.00044	0.99987	0.02765	0.98361
46	0.00000	1.00000	0.00000	1.00000	0.00010	0.99998	0.01158	0.99518
47	0.00000	1.00000	0.00000	1.00000	0.00002	1.00000	0.00377	0.99895
48	0.00000	1.00000	0.00000	1.00000	0.00000	1.00000	0.00090	0.99985
49	0.00000	1.00000	0.00000	1.00000	0.00000	1.00000	0.00014	0.99999
50	0.00000	1.00000	0.00000	1.00000	0.00000	1.00000	0.00001	1.00000

N = 3000, n = 20

k	M = 300		M = 500		M = 1500		M = 2700	
---	$H_{N,M,n}(\{k\})$	$H_{N,M,n}(\{0;...;k\})$	$H_{N,M,n}(\{k\})$	$H_{N,M,n}(\{0;...;k\})$	$H_{N,M,n}(\{k\})$	$H_{N,M,n}(\{0;...;k\})$	$H_{N,M,n}(\{k\})$	$H_{N,M,n}(\{0;...;k\})$
0	0.12072	0.12072	0.02575	0.02575	0.00000	0.00000	0.00000	0.00000
1	0.27017	0.39089	0.10381	0.12956	0.00002	0.00002	0.00000	0.00000
2	0.28613	0.67702	0.19826	0.32782	0.00017	0.00019	0.00000	0.00000
3	0.19069	0.86771	0.23859	0.56641	0.00106	0.00125	0.00000	0.00000
4	0.08968	0.95739	0.20288	0.76929	0.00453	0.00577	0.00000	0.00000
5	0.03164	0.98902	0.12958	0.89887	0.01459	0.02036	0.00000	0.00000
6	0.00869	0.99771	0.06450	0.96338	0.03669	0.05705	0.00000	0.00000
7	0.00190	0.99961	0.02563	0.98900	0.07373	0.13078	0.00000	0.00000
8	0.00034	0.99994	0.00825	0.99726	0.12021	0.25100	0.00000	0.00000
9	0.00005	0.99999	0.00217	0.99943	0.16061	0.41161	0.00000	0.00000
10	0.00001	1.00000	0.00047	0.99990	0.17679	0.58839	0.00001	0.00001
11	0.00000	1.00000	0.00008	0.99999	0.16061	0.74900	0.00005	0.00006
12	0.00000	1.00000	0.00001	1.00000	0.12021	0.86922	0.00034	0.00039
13	0.00000	1.00000	0.00000	1.00000	0.07373	0.94295	0.00190	0.00229
14	0.00000	1.00000	0.00000	1.00000	0.03669	0.97964	0.00869	0.01098
15	0.00000	1.00000	0.00000	1.00000	0.01459	0.99423	0.03164	0.04261
16	0.00000	1.00000	0.00000	1.00000	0.00453	0.99875	0.08968	0.13229
17	0.00000	1.00000	0.00000	1.00000	0.00106	0.99981	0.19069	0.32298
18	0.00000	1.00000	0.00000	1.00000	0.00017	0.99998	0.28613	0.60911
19	0.00000	1.00000	0.00000	1.00000	0.00002	1.00000	0.27017	0.87928
20	0.00000	1.00000	0.00000	1.00000	0.00000	1.00000	0.12072	1.00000

T 6

N = 3000, n = 50

k	M = 300		M = 500		M = 1500		M = 2700	
---	$H_{N,M,n}(\{k\})$	$H_{N,M,n}(\{0;...;k\})$	$H_{N,M,n}(\{k\})$	$H_{N,M,n}(\{0;...;k\})$	$H_{N,M,n}(\{k\})$	$H_{N,M,n}(\{0;...;k\})$	$H_{N,M,n}(\{k\})$	$H_{N,M,n}(\{0;...;k\})$
0	0.00492	0.00492	0.00010	0.00010	0.00000	0.00000	0.00000	0.00000
1	0.02785	0.03278	0.00103	0.00113	0.00000	0.00000	0.00000	0.00000
2	0.07694	0.10971	0.00514	0.00628	0.00000	0.00000	0.00000	0.00000
3	0.13827	0.24798	0.01671	0.02299	0.00000	0.00000	0.00000	0.00000
4	0.18181	0.42980	0.03977	0.06276	0.00000	0.00000	0.00000	0.00000
5	0.18648	0.61628	0.07392	0.13668	0.00000	0.00000	0.00000	0.00000
6	0.15535	0.77163	0.11174	0.24842	0.00000	0.00000	0.00000	0.00000
7	0.10805	0.87967	0.14122	0.38964	0.00000	0.00000	0.00000	0.00000
8	0.06402	0.94369	0.15224	0.54187	0.00000	0.00000	0.00000	0.00000
9	0.03281	0.97650	0.14215	0.68402	0.00000	0.00000	0.00000	0.00000
10	0.01472	0.99121	0.11632	0.80035	0.00001	0.00001	0.00000	0.00000
11	0.00583	0.99704	0.08422	0.88457	0.00003	0.00004	0.00000	0.00000
12	0.00206	0.99910	0.05437	0.93893	0.00010	0.00014	0.00000	0.00000
13	0.00065	0.99975	0.03149	0.97042	0.00029	0.00042	0.00000	0.00000
14	0.00019	0.99994	0.01645	0.98687	0.00077	0.00120	0.00000	0.00000
15	0.00005	0.99999	0.00778	0.99465	0.00188	0.00308	0.00000	0.00000
16	0.00001	1.00000	0.00335	0.99800	0.00417	0.00726	0.00000	0.00000
17	0.00000	1.00000	0.00131	0.99931	0.00845	0.01570	0.00000	0.00000
18	0.00000	1.00000	0.00047	0.99978	0.01564	0.03134	0.00000	0.00000

k	M = 300 $H_{N,M,n}(\{k\})$	$H_{N,M,n}(\{0;\dots;k\})$	M = 500 $H_{N,M,n}(\{k\})$	$H_{N,M,n}(\{0;\dots;k\})$	M = 1500 $H_{N,M,n}(\{k\})$	$H_{N,M,n}(\{0;\dots;k\})$	M = 2700 $H_{N,M,n}(\{k\})$	$H_{N,M,n}(\{0;\dots;k\})$
19	0.00000	1.00000	0.00015	0.99994	0.02658	0.05792	0.00000	0.00000
20	0.00000	1.00000	0.00005	0.99998	0.04150	0.09943	0.00000	0.00000
21	0.00000	1.00000	0.00001	1.00000	0.05965	0.15908	0.00000	0.00000
22	0.00000	1.00000	0.00000	1.00000	0.07901	0.23809	0.00000	0.00000
23	0.00000	1.00000	0.00000	1.00000	0.09651	0.33459	0.00000	0.00000
24	0.00000	1.00000	0.00000	1.00000	0.10879	0.44339	0.00000	0.00000
25	0.00000	1.00000	0.00000	1.00000	0.11322	0.55661	0.00000	0.00000
26	0.00000	1.00000	0.00000	1.00000	0.10879	0.66541	0.00000	0.00000
27	0.00000	1.00000	0.00000	1.00000	0.09651	0.76191	0.00000	0.00000
28	0.00000	1.00000	0.00000	1.00000	0.07901	0.84092	0.00000	0.00000
29	0.00000	1.00000	0.00000	1.00000	0.05965	0.90057	0.00000	0.00000
30	0.00000	1.00000	0.00000	1.00000	0.04150	0.94208	0.00000	0.00000
31	0.00000	1.00000	0.00000	1.00000	0.02658	0.96866	0.00000	0.00000
32	0.00000	1.00000	0.00000	1.00000	0.01564	0.98430	0.00000	0.00000
33	0.00000	1.00000	0.00000	1.00000	0.00845	0.99274	0.00000	0.00000
34	0.00000	1.00000	0.00000	1.00000	0.00417	0.99692	0.00001	0.00001
35	0.00000	1.00000	0.00000	1.00000	0.00188	0.99880	0.00005	0.00006
36	0.00000	1.00000	0.00000	1.00000	0.00077	0.99958	0.00019	0.00025
37	0.00000	1.00000	0.00000	1.00000	0.00029	0.99986	0.00065	0.00090
38	0.00000	1.00000	0.00000	1.00000	0.00010	0.99996	0.00206	0.00296
39	0.00000	1.00000	0.00000	1.00000	0.00003	0.99999	0.00583	0.00879
40	0.00000	1.00000	0.00000	1.00000	0.00001	1.00000	0.01472	0.02350
41	0.00000	1.00000	0.00000	1.00000	0.00000	1.00000	0.03281	0.05631
42	0.00000	1.00000	0.00000	1.00000	0.00000	1.00000	0.06402	0.12033
43	0.00000	1.00000	0.00000	1.00000	0.00000	1.00000	0.10805	0.22837
44	0.00000	1.00000	0.00000	1.00000	0.00000	1.00000	0.15535	0.38372
45	0.00000	1.00000	0.00000	1.00000	0.00000	1.00000	0.18648	0.57020
46	0.00000	1.00000	0.00000	1.00000	0.00000	1.00000	0.18181	0.75202
47	0.00000	1.00000	0.00000	1.00000	0.00000	1.00000	0.13827	0.89029
48	0.00000	1.00000	0.00000	1.00000	0.00000	1.00000	0.07694	0.96722
49	0.00000	1.00000	0.00000	1.00000	0.00000	1.00000	0.02785	0.99508
50	0.00000	1.00000	0.00000	1.00000	0.00000	1.00000	0.00492	1.00000

N = 5000, n = 20

k	M = 1250 $H_{N,M,n}(\{k\})$	$H_{N,M,n}(\{0;\dots;k\})$	M = 3000 $H_{N,M,n}(\{k\})$	$H_{N,M,n}(\{0;\dots;k\})$	M = 3750 $H_{N,M,n}(\{k\})$	$H_{N,M,n}(\{0;\dots;k\})$	M = 4500 $H_{N,M,n}(\{k\})$	$H_{N,M,n}(\{0;\dots;k\})$
0	0.00313	0.00313	0.00000	0.00000	0.00000	0.00000	0.00000	0.00000
1	0.02098	0.02411	0.00000	0.00000	0.00000	0.00000	0.00000	0.00000
2	0.06671	0.09082	0.00000	0.00000	0.00000	0.00000	0.00000	0.00000
3	0.13381	0.22462	0.00004	0.00005	0.00000	0.00000	0.00000	0.00000
4	0.18991	0.41454	0.00026	0.00031	0.00000	0.00000	0.00000	0.00000
5	0.20274	0.61727	0.00127	0.00158	0.00000	0.00000	0.00000	0.00000
6	0.16890	0.78618	0.00479	0.00637	0.00002	0.00003	0.00000	0.00000
7	0.11245	0.89863	0.01445	0.02082	0.00015	0.00018	0.00000	0.00000
8	0.06076	0.95939	0.03534	0.05616	0.00074	0.00091	0.00000	0.00000
9	0.02691	0.98630	0.07089	0.12705	0.00296	0.00387	0.00000	0.00000
10	0.00982	0.99613	0.11720	0.24425	0.00982	0.01370	0.00001	0.00001
11	0.00296	0.99909	0.16001	0.40426	0.02691	0.04061	0.00005	0.00006
12	0.00074	0.99982	0.18007	0.58432	0.06076	0.10137	0.00034	0.00040
13	0.00015	0.99997	0.16613	0.75045	0.11245	0.21382	0.00193	0.00233
14	0.00002	1.00000	0.12443	0.87489	0.16890	0.38272	0.00876	0.01109
15	0.00000	1.00000	0.07450	0.94938	0.20274	0.58546	0.03175	0.04284
16	0.00000	1.00000	0.03482	0.98420	0.18991	0.77538	0.08972	0.13256
17	0.00000	1.00000	0.01224	0.99644	0.13381	0.90918	0.19046	0.32302
18	0.00000	1.00000	0.00305	0.99949	0.06671	0.97589	0.28575	0.60877
19	0.00000	1.00000	0.00048	0.99996	0.02098	0.99687	0.27017	0.87894
20	0.00000	1.00000	0.00004	1.00000	0.00313	1.00000	0.12106	1.00000

N = 5000, n = 50

k	M = 1250 $H_{N,M,n}(\{k\})$	$H_{N,M,n}(\{0;\dots;k\})$	M = 3000 $H_{N,M,n}(\{k\})$	$H_{N,M,n}(\{0;\dots;k\})$	M = 3750 $H_{N,M,n}(\{k\})$	$H_{N,M,n}(\{0;\dots;k\})$	M = 4500 $H_{N,M,n}(\{k\})$	$H_{N,M,n}(\{0;\dots;k\})$
0	0.00000	0.00000	0.00000	0.00000	0.00000	0.00000	0.00000	0.00000
1	0.00001	0.00001	0.00000	0.00000	0.00000	0.00000	0.00000	0.00000
2	0.00007	0.00008	0.00000	0.00000	0.00000	0.00000	0.00000	0.00000
3	0.00039	0.00047	0.00000	0.00000	0.00000	0.00000	0.00000	0.00000

T 6

k	M = 1250 $H_{N,M,n}(\{k\})$	$H_{N,M,n}(\{0;\ldots;k\})$	M = 3000 $H_{N,M,n}(\{k\})$	$H_{N,M,n}(\{0;\ldots;k\})$	M = 3750 $H_{N,M,n}(\{k\})$	$H_{N,M,n}(\{0;\ldots;k\})$	M = 4500 $H_{N,M,n}(\{k\})$	$H_{N,M,n}(\{0;\ldots;k\})$
4	0.00155	0.00203	0.00000	0.00000	0.00000	0.00000	0.00000	0.00000
5	0.00481	0.00683	0.00000	0.00000	0.00000	0.00000	0.00000	0.00000
6	0.01211	0.01894	0.00000	0.00000	0.00000	0.00000	0.00000	0.00000
7	0.02554	0.04448	0.00000	0.00000	0.00000	0.00000	0.00000	0.00000
8	0.04601	0.09049	0.00000	0.00000	0.00000	0.00000	0.00000	0.00000
9	0.07191	0.16240	0.00000	0.00000	0.00000	0.00000	0.00000	0.00000
10	0.09862	0.26101	0.00000	0.00000	0.00000	0.00000	0.00000	0.00000
11	0.11982	0.38084	0.00000	0.00000	0.00000	0.00000	0.00000	0.00000
12	0.12998	0.51082	0.00000	0.00000	0.00000	0.00000	0.00000	0.00000
13	0.12669	0.63751	0.00000	0.00000	0.00000	0.00000	0.00000	0.00000
14	0.11151	0.74902	0.00000	0.00000	0.00000	0.00000	0.00000	0.00000
15	0.08904	0.83806	0.00001	0.00002	0.00000	0.00000	0.00000	0.00000
16	0.06473	0.90280	0.00004	0.00005	0.00000	0.00000	0.00000	0.00000
17	0.04298	0.94578	0.00012	0.00017	0.00000	0.00000	0.00000	0.00000
18	0.02613	0.97191	0.00032	0.00049	0.00000	0.00000	0.00000	0.00000
19	0.01458	0.98649	0.00082	0.00131	0.00000	0.00000	0.00000	0.00000
20	0.00748	0.99397	0.00192	0.00322	0.00000	0.00000	0.00000	0.00000
21	0.00353	0.99750	0.00414	0.00736	0.00000	0.00000	0.00000	0.00000
22	0.00154	0.99904	0.00824	0.01560	0.00000	0.00000	0.00000	0.00000
23	0.00062	0.99966	0.01514	0.03074	0.00001	0.00001	0.00000	0.00000
24	0.00023	0.99989	0.02569	0.05643	0.00002	0.00003	0.00000	0.00000
25	0.00008	0.99997	0.04026	0.09669	0.00008	0.00011	0.00000	0.00000
26	0.00002	0.99999	0.05828	0.15497	0.00023	0.00034	0.00000	0.00000
27	0.00001	1.00000	0.07793	0.23290	0.00062	0.00096	0.00000	0.00000
28	0.00000	1.00000	0.09622	0.32912	0.00154	0.00250	0.00000	0.00000
29	0.00000	1.00000	0.10962	0.43873	0.00353	0.00603	0.00000	0.00000
30	0.00000	1.00000	0.11514	0.55387	0.00748	0.01351	0.00000	0.00000
31	0.00000	1.00000	0.11137	0.66523	0.01458	0.02809	0.00000	0.00000
32	0.00000	1.00000	0.09905	0.76429	0.02613	0.05422	0.00000	0.00000
33	0.00000	1.00000	0.08086	0.84515	0.04298	0.09720	0.00000	0.00000
34	0.00000	1.00000	0.06047	0.90562	0.06473	0.16194	0.00001	0.00002
35	0.00000	1.00000	0.04130	0.94692	0.08904	0.25098	0.00005	0.00007
36	0.00000	1.00000	0.02569	0.97261	0.11151	0.36249	0.00020	0.00026
37	0.00000	1.00000	0.01450	0.98711	0.12669	0.48918	0.00068	0.00094
38	0.00000	1.00000	0.00739	0.99451	0.12998	0.61916	0.00212	0.00306
39	0.00000	1.00000	0.00339	0.99789	0.11982	0.73899	0.00595	0.00901
40	0.00000	1.00000	0.00139	0.99928	0.09862	0.83760	0.01490	0.02392
41	0.00000	1.00000	0.00050	0.99978	0.07191	0.90951	0.03302	0.05693
42	0.00000	1.00000	0.00016	0.99994	0.04601	0.95552	0.06412	0.12106
43	0.00000	1.00000	0.00004	0.99999	0.02554	0.98106	0.10788	0.22894
44	0.00000	1.00000	0.00001	1.00000	0.01211	0.99317	0.15485	0.38378
45	0.00000	1.00000	0.00000	1.00000	0.00481	0.99797	0.18586	0.56964
46	0.00000	1.00000	0.00000	1.00000	0.00155	0.99953	0.18145	0.75109
47	0.00000	1.00000	0.00000	1.00000	0.00039	0.99992	0.13839	0.88948
48	0.00000	1.00000	0.00000	1.00000	0.00007	0.99999	0.07734	0.96682
49	0.00000	1.00000	0.00000	1.00000	0.00001	1.00000	0.02816	0.99499
50	0.00000	1.00000	0.00000	1.00000	0.00000	1.00000	0.00501	1.00000

T 7

Tabellen zur POISSON-Verteilung

Die Tabellen enthalten jeweils in der ersten Spalte $P_\lambda(\{k\}) = \dfrac{\lambda^k}{k!} \cdot e^{-\lambda}$

und in der zweiten Spalte $P_\lambda(\{0; \ldots; k\}) = \displaystyle\sum_{i=0}^{k} \dfrac{\lambda^i}{i!} \cdot e^{-\lambda}$

Die Werte sind auf fünf Stellen nach dem Komma gerundet.

k	$\lambda = 0.05$ $P_\lambda(\{k\})$	$P_\lambda(\{0;\ldots;k\})$	$\lambda = 0.10$ $P_\lambda(\{k\})$	$P_\lambda(\{0;\ldots;k\})$	$\lambda = 0.50$ $P_\lambda(\{k\})$	$P_\lambda(\{0;\ldots;k\})$	$\lambda = 0.80$ $P_\lambda(\{k\})$	$P_\lambda(\{0;\ldots;k\})$
0	0.95123	0.95123	0.90484	0.90484	0.60653	0.60653	0.44933	0.44933
1	0.04756	0.99879	0.09048	0.99532	0.30327	0.90980	0.35946	0.80879
2	0.00119	0.99998	0.00452	0.99985	0.07582	0.98561	0.14379	0.95258

k	λ = 0.05 $P_\lambda(\{k\})$	$P_\lambda(\{0;…;k\})$	λ = 0.10 $P_\lambda(\{k\})$	$P_\lambda(\{0;…;k\})$	λ = 0.50 $P_\lambda(\{k\})$	$P_\lambda(\{0;…;k\})$	λ = 0.80 $P_\lambda(\{k\})$	$P_\lambda(\{0;…;k\})$
3	0.00002	1.00000	0.00015	1.00000	0.01264	0.99825	0.03834	0.99092
4	0.00000	1.00000	0.00000	1.00000	0.00158	0.99983	0.00767	0.99859
5	0.00000	1.00000	0.00000	1.00000	0.00016	0.99999	0.00123	0.99982
6	0.00000	1.00000	0.00000	1.00000	0.00001	1.00000	0.00016	0.99998
7	0.00000	1.00000	0.00000	1.00000	0.00000	1.00000	0.00002	1.00000
8	0.00000	1.00000	0.00000	1.00000	0.00000	1.00000	0.00000	1.00000
9	0.00000	1.00000	0.00000	1.00000	0.00000	1.00000	0.00000	1.00000
10	0.00000	1.00000	0.00000	1.00000	0.00000	1.00000	0.00000	1.00000

k	λ = 1 $P_\lambda(\{k\})$	$P_\lambda(\{0;…;k\})$	λ = 2 $P_\lambda(\{k\})$	$P_\lambda(\{0;…;k\})$	λ = 3 $P_\lambda(\{k\})$	$P_\lambda(\{0;…;k\})$	λ = 4 $P_\lambda(\{k\})$	$P_\lambda(\{0;…;k\})$
0	0.36788	0.36788	0.13534	0.13534	0.04979	0.04979	0.01832	0.01832
1	0.36788	0.73576	0.27067	0.40601	0.14936	0.19915	0.07326	0.09158
2	0.18394	0.91970	0.27067	0.67668	0.22404	0.42319	0.14653	0.23810
3	0.06131	0.98101	0.18045	0.85712	0.22404	0.64723	0.19537	0.43347
4	0.01533	0.99634	0.09022	0.94735	0.16803	0.81526	0.19537	0.62884
5	0.00307	0.99941	0.03609	0.98344	0.10082	0.91608	0.15629	0.78513
6	0.00051	0.99992	0.01203	0.99547	0.05041	0.96649	0.10420	0.88933
7	0.00007	0.99999	0.00344	0.99890	0.02160	0.98810	0.05954	0.94887
8	0.00001	1.00000	0.00086	0.99976	0.00810	0.99620	0.02977	0.97864
9	0.00000	1.00000	0.00019	0.99995	0.00270	0.99890	0.01323	0.99187
10	0.00000	1.00000	0.00004	0.99999	0.00081	0.99971	0.00529	0.99716
11	0.00000	1.00000	0.00001	1.00000	0.00022	0.99993	0.00192	0.99908
12	0.00000	1.00000	0.00000	1.00000	0.00006	0.99998	0.00064	0.99973
13	0.00000	1.00000	0.00000	1.00000	0.00001	1.00000	0.00020	0.99992
14	0.00000	1.00000	0.00000	1.00000	0.00000	1.00000	0.00006	0.99998
15	0.00000	1.00000	0.00000	1.00000	0.00000	1.00000	0.00002	1.00000
16	0.00000	1.00000	0.00000	1.00000	0.00000	1.00000	0.00000	1.00000

k	λ = 5 $P_\lambda(\{k\})$	$P_\lambda(\{0;…;k\})$	λ = 8 $P_\lambda(\{k\})$	$P_\lambda(\{0;…;k\})$	λ = 10 $P_\lambda(\{k\})$	$P_\lambda(\{0;…;k\})$	λ = 15 $P_\lambda(\{k\})$	$P_\lambda(\{0;…;k\})$
0	0.00674	0.00674	0.00034	0.00034	0.00005	0.00005	0.00000	0.00000
1	0.03369	0.04043	0.00268	0.00302	0.00045	0.00050	0.00000	0.00000
2	0.08422	0.12465	0.01073	0.01375	0.00227	0.00277	0.00003	0.00004
3	0.14037	0.26503	0.02863	0.04238	0.00757	0.01034	0.00017	0.00021
4	0.17547	0.44049	0.05725	0.09963	0.01892	0.02925	0.00065	0.00086
5	0.17547	0.61596	0.09160	0.19124	0.03783	0.06709	0.00194	0.00279
6	0.14622	0.76218	0.12214	0.31337	0.06306	0.13014	0.00484	0.00763
7	0.10444	0.86663	0.13959	0.45296	0.09008	0.22022	0.01037	0.01800
8	0.06528	0.93191	0.13959	0.59255	0.11260	0.33282	0.01944	0.03745
9	0.03627	0.96817	0.12408	0.71662	0.12511	0.45793	0.03241	0.06985
10	0.01813	0.98630	0.09926	0.81589	0.12511	0.58304	0.04861	0.11846
11	0.00824	0.99455	0.07219	0.88808	0.11374	0.69678	0.06629	0.18475
12	0.00343	0.99798	0.04813	0.93620	0.09478	0.79156	0.08286	0.26761
13	0.00132	0.99930	0.02962	0.96582	0.07291	0.86446	0.09561	0.36322
14	0.00047	0.99977	0.01692	0.98274	0.05208	0.91654	0.10244	0.46565
15	0.00016	0.99993	0.00903	0.99177	0.03472	0.95126	0.10244	0.56809
16	0.00005	0.99998	0.00451	0.99628	0.02170	0.97296	0.09603	0.66412
17	0.00001	0.99999	0.00212	0.99841	0.01276	0.98572	0.08474	0.74886
18	0.00000	1.00000	0.00094	0.99935	0.00709	0.99281	0.07061	0.81947
19	0.00000	1.00000	0.00040	0.99975	0.00373	0.99655	0.05575	0.87522
20	0.00000	1.00000	0.00016	0.99991	0.00187	0.99841	0.04181	0.91703
21	0.00000	1.00000	0.00006	0.99997	0.00089	0.99930	0.02986	0.94689
22	0.00000	1.00000	0.00002	0.99999	0.00040	0.99970	0.02036	0.96726
23	0.00000	1.00000	0.00001	1.00000	0.00018	0.99988	0.01328	0.98054
24	0.00000	1.00000	0.00000	1.00000	0.00007	0.99995	0.00830	0.98884
25	0.00000	1.00000	0.00000	1.00000	0.00003	0.99998	0.00498	0.99382
26	0.00000	1.00000	0.00000	1.00000	0.00001	0.99999	0.00287	0.99669
27	0.00000	1.00000	0.00000	1.00000	0.00000	1.00000	0.00160	0.99828
28	0.00000	1.00000	0.00000	1.00000	0.00000	1.00000	0.00086	0.99914
29	0.00000	1.00000	0.00000	1.00000	0.00000	1.00000	0.00044	0.99958
30	0.00000	1.00000	0.00000	1.00000	0.00000	1.00000	0.00022	0.99980
31	0.00000	1.00000	0.00000	1.00000	0.00000	1.00000	0.00011	0.99991
32	0.00000	1.00000	0.00000	1.00000	0.00000	1.00000	0.00005	0.99996
33	0.00000	1.00000	0.00000	1.00000	0.00000	1.00000	0.00002	0.99998
34	0.00000	1.00000	0.00000	1.00000	0.00000	1.00000	0.00001	0.99999
35	0.00000	1.00000	0.00000	1.00000	0.00000	1.00000	0.00000	1.00000

T7

k	$\lambda = 20$ $P_\lambda(\{k\})$	$P_\lambda(\{0;\ldots;k\})$	$\lambda = 25$ $P_\lambda(\{k\})$	$P_\lambda(\{0;\ldots;k\})$	$\lambda = 30$ $P_\lambda(\{k\})$	$P_\lambda(\{0;\ldots;k\})$	$\lambda = 40$ $P_\lambda(\{k\})$	$P_\lambda(\{0;\ldots;k\})$
0	0.00000	0.00000	0.00000	0.00000	0.00000	0.00000	0.00000	0.00000
1	0.00000	0.00000	0.00000	0.00000	0.00000	0.00000	0.00000	0.00000
2	0.00000	0.00000	0.00000	0.00000	0.00000	0.00000	0.00000	0.00000
3	0.00000	0.00000	0.00000	0.00000	0.00000	0.00000	0.00000	0.00000
4	0.00001	0.00002	0.00000	0.00000	0.00000	0.00000	0.00000	0.00000
5	0.00005	0.00007	0.00000	0.00000	0.00000	0.00000	0.00000	0.00000
6	0.00018	0.00026	0.00000	0.00001	0.00000	0.00000	0.00000	0.00000
7	0.00052	0.00078	0.00002	0.00002	0.00000	0.00000	0.00000	0.00000
8	0.00131	0.00209	0.00005	0.00008	0.00000	0.00000	0.00000	0.00000
9	0.00291	0.00500	0.00015	0.00022	0.00001	0.00001	0.00000	0.00000
10	0.00582	0.01081	0.00036	0.00059	0.00002	0.00002	0.00000	0.00000
11	0.01058	0.02139	0.00083	0.00142	0.00004	0.00006	0.00000	0.00000
12	0.01763	0.03901	0.00173	0.00314	0.00010	0.00017	0.00000	0.00000
13	0.02712	0.06613	0.00332	0.00647	0.00024	0.00041	0.00000	0.00000
14	0.03874	0.10486	0.00593	0.01240	0.00051	0.00092	0.00000	0.00000
15	0.05165	0.15651	0.00989	0.02229	0.00103	0.00195	0.00000	0.00001
16	0.06456	0.22107	0.01545	0.03775	0.00193	0.00387	0.00001	0.00001
17	0.07595	0.29703	0.02273	0.06048	0.00340	0.00727	0.00002	0.00003
18	0.08439	0.38142	0.03157	0.09204	0.00566	0.01293	0.00005	0.00008
19	0.08884	0.47026	0.04153	0.13357	0.00894	0.02187	0.00010	0.00018
20	0.08884	0.55909	0.05192	0.18549	0.01341	0.03528	0.00019	0.00037
21	0.08461	0.64370	0.06181	0.24730	0.01916	0.05444	0.00037	0.00073
22	0.07691	0.72061	0.07023	0.31753	0.02613	0.08057	0.00066	0.00140
23	0.06688	0.78749	0.07634	0.39388	0.03408	0.11465	0.00116	0.00256
24	0.05573	0.84323	0.07952	0.47340	0.04260	0.15724	0.00193	0.00448
25	0.04459	0.88782	0.07952	0.55292	0.05112	0.20836	0.00308	0.00757
26	0.03430	0.92211	0.07646	0.62939	0.05898	0.26734	0.00474	0.01231
27	0.02541	0.94752	0.07080	0.70019	0.06553	0.33287	0.00703	0.01934
28	0.01815	0.96567	0.06321	0.76340	0.07021	0.40308	0.01004	0.02938
29	0.01252	0.97818	0.05450	0.81790	0.07263	0.47572	0.01385	0.04323
30	0.00834	0.98653	0.04541	0.86331	0.07263	0.54835	0.01847	0.06169
31	0.00538	0.99191	0.03662	0.89993	0.07029	0.61864	0.02383	0.08552
32	0.00336	0.99527	0.02861	0.92854	0.06590	0.68454	0.02978	0.11530
33	0.00204	0.99731	0.02168	0.95022	0.05991	0.74445	0.03610	0.15140
34	0.00120	0.99851	0.01594	0.96616	0.05286	0.79731	0.04247	0.19388
35	0.00069	0.99920	0.01138	0.97754	0.04531	0.84262	0.04854	0.24241
36	0.00038	0.99958	0.00791	0.98545	0.03776	0.88037	0.05393	0.29635
37	0.00021	0.99978	0.00534	0.99079	0.03061	0.91099	0.05830	0.35465
38	0.00011	0.99989	0.00351	0.99430	0.02417	0.93516	0.06137	0.41602
39	0.00006	0.99995	0.00225	0.99656	0.01859	0.95375	0.06295	0.47897
40	0.00003	0.99997	0.00141	0.99796	0.01394	0.96769	0.06295	0.54192
41	0.00001	0.99999	0.00086	0.99882	0.01020	0.97789	0.06141	0.60333
42	0.00001	0.99999	0.00051	0.99933	0.00729	0.98518	0.05849	0.66182
43	0.00000	1.00000	0.00030	0.99963	0.00508	0.99026	0.05441	0.71622
44	0.00000	1.00000	0.00017	0.99980	0.00347	0.99373	0.04946	0.76568
45	0.00000	1.00000	0.00009	0.99989	0.00231	0.99604	0.04397	0.80965
46	0.00000	1.00000	0.00005	0.99994	0.00151	0.99755	0.03823	0.84788
47	0.00000	1.00000	0.00003	0.99997	0.00060	0.99911	0.02711	0.90753
49	0.00000	1.00000	0.00001	0.99999	0.00037	0.99948	0.02213	0.92966
50	0.00000	1.00000	0.00000	1.00000	0.00022	0.99970	0.01771	0.94737
51	0.00000	1.00000	0.00000	1.00000	0.00013	0.99983	0.01389	0.96126
52	0.00000	1.00000	0.00000	1.00000	0.00007	0.99991	0.01068	0.97194
53	0.00000	1.00000	0.00000	1.00000	0.00004	0.99995	0.00806	0.98001
54	0.00000	1.00000	0.00000	1.00000	0.00002	0.99997	0.00597	0.98598
55	0.00000	1.00000	0.00000	1.00000	0.00001	0.99999	0.00434	0.99032
56	0.00000	1.00000	0.00000	1.00000	0.00001	0.99999	0.00310	0.99342
57	0.00000	1.00000	0.00000	1.00000	0.00000	1.00000	0.00218	0.99560
58	0.00000	1.00000	0.00000	1.00000	0.00000	1.00000	0.00150	0.99710
59	0.00000	1.00000	0.00000	1.00000	0.00000	1.00000	0.00102	0.99812
60	0.00000	1.00000	0.00000	1.00000	0.00000	1.00000	0.00068	0.99880
61	0.00000	1.00000	0.00000	1.00000	0.00000	1.00000	0.00045	0.99924
62	0.00000	1.00000	0.00000	1.00000	0.00000	1.00000	0.00029	0.99953
63	0.00000	1.00000	0.00000	1.00000	0.00000	1.00000	0.00018	0.99971
64	0.00000	1.00000	0.00000	1.00000	0.00000	1.00000	0.00011	0.99983
65	0.00000	1.00000	0.00000	1.00000	0.00000	1.00000	0.00007	0.99990
66	0.00000	1.00000	0.00000	1.00000	0.00000	1.00000	0.00004	0.99994
67	0.00000	1.00000	0.00000	1.00000	0.00000	1.00000	0.00003	0.99997
68	0.00000	1.00000	0.00000	1.00000	0.00000	1.00000	0.00001	0.99998

T 7

k	λ = 20 $P_\lambda(\{k\})$	$P_\lambda(\{0;…;k\})$	λ = 25 $P_\lambda(\{k\})$	$P_\lambda(\{0;…;k\})$	λ = 30 $P_\lambda(\{k\})$	$P_\lambda(\{0;…;k\})$	λ = 40 $P_\lambda(\{k\})$	$P_\lambda(\{0;…;k\})$
69	0.00000	1.00000	0.00000	1.00000	0.00000	1.00000	0.00001	0.99999
70	0.00000	1.00000	0.00000	1.00000	0.00000	1.00000	0.00000	0.99999
71	0.00000	1.00000	0.00000	1.00000	0.00000	1.00000	0.00000	1.00000

k	λ = 50 $P_\lambda(\{k\})$	$P_\lambda(\{0;…;k\})$	λ = 60 $P_\lambda(\{k\})$	$P_\lambda(\{0;…;k\})$	λ = 70 $P_\lambda(\{k\})$	$P_\lambda(\{0;…;k\})$	λ = 80 $P_\lambda(\{k\})$	$P_\lambda(\{0;…;k\})$
0	0.00000	0.00000	0.00000	0.00000	0.00000	0.00000	0.00000	0.00000
1	0.00000	0.00000	0.00000	0.00000	0.00000	0.00000	0.00000	0.00000
2	0.00000	0.00000	0.00000	0.00000	0.00000	0.00000	0.00000	0.00000
4	0.00000	0.00000	0.00000	0.00000	0.00000	0.00000	0.00000	0.00000
5	0.00000	0.00000	0.00000	0.00000	0.00000	0.00000	0.00000	0.00000
6	0.00000	0.00000	0.00000	0.00000	0.00000	0.00000	0.00000	0.00000
7	0.00000	0.00000	0.00000	0.00000	0.00000	0.00000	0.00000	0.00000
8	0.00000	0.00000	0.00000	0.00000	0.00000	0.00000	0.00000	0.00000
9	0.00000	0.00000	0.00000	0.00000	0.00000	0.00000	0.00000	0.00000
10	0.00000	0.00000	0.00000	0.00000	0.00000	0.00000	0.00000	0.00000
11	0.00000	0.00000	0.00000	0.00000	0.00000	0.00000	0.00000	0.00000
12	0.00000	0.00000	0.00000	0.00000	0.00000	0.00000	0.00000	0.00000
13	0.00000	0.00000	0.00000	0.00000	0.00000	0.00000	0.00000	0.00000
14	0.00000	0.00000	0.00000	0.00000	0.00000	0.00000	0.00000	0.00000
15	0.00000	0.00000	0.00000	0.00000	0.00000	0.00000	0.00000	0.00000
16	0.00000	0.00000	0.00000	0.00000	0.00000	0.00000	0.00000	0.00000
17	0.00000	0.00000	0.00000	0.00000	0.00000	0.00000	0.00000	0.00000
18	0.00000	0.00000	0.00000	0.00000	0.00000	0.00000	0.00000	0.00000
19	0.00000	0.00000	0.00000	0.00000	0.00000	0.00000	0.00000	0.00000
20	0.00000	0.00000	0.00000	0.00000	0.00000	0.00000	0.00000	0.00000
21	0.00000	0.00000	0.00000	0.00000	0.00000	0.00000	0.00000	0.00000
22	0.00000	0.00001	0.00000	0.00000	0.00000	0.00000	0.00000	0.00000
23	0.00001	0.00002	0.00000	0.00000	0.00000	0.00000	0.00000	0.00000
24	0.00002	0.00003	0.00000	0.00000	0.00000	0.00000	0.00000	0.00000
25	0.00004	0.00007	0.00000	0.00000	0.00000	0.00000	0.00000	0.00000
26	0.00007	0.00014	0.00000	0.00000	0.00000	0.00000	0.00000	0.00000
27	0.00013	0.00027	0.00000	0.00000	0.00000	0.00000	0.00000	0.00000
28	0.00024	0.00051	0.00000	0.00000	0.00000	0.00000	0.00000	0.00000
29	0.00041	0.00092	0.00000	0.00001	0.00000	0.00000	0.00000	0.00000
30	0.00068	0.00159	0.00001	0.00001	0.00000	0.00000	0.00000	0.00000
31	0.00109	0.00269	0.00001	0.00003	0.00000	0.00000	0.00000	0.00000
32	0.00171	0.00439	0.00003	0.00005	0.00000	0.00000	0.00000	0.00000
33	0.00259	0.00698	0.00005	0.00010	0.00000	0.00000	0.00000	0.00000
34	0.00380	0.01078	0.00008	0.00019	0.00000	0.00000	0.00000	0.00000
35	0.00543	0.01621	0.00015	0.00033	0.00000	0.00000	0.00000	0.00000
36	0.00755	0.02376	0.00024	0.00058	0.00000	0.00001	0.00000	0.00000
37	0.01020	0.03395	0.00039	0.00097	0.00001	0.00001	0.00000	0.00000
38	0.01342	0.04737	0.00062	0.00159	0.00001	0.00002	0.00000	0.00000
40	0.02150	0.08607	0.00143	0.00398	0.00003	0.00007	0.00000	0.00000
41	0.02622	0.11229	0.00210	0.00608	0.00005	0.00012	0.00000	0.00000
42	0.03121	0.14350	0.00300	0.00908	0.00009	0.00021	0.00000	0.00000
43	0.03629	0.17980	0.00418	0.01327	0.00014	0.00035	0.00000	0.00000
44	0.04124	0.22104	0.00571	0.01897	0.00023	0.00058	0.00000	0.00001
45	0.04583	0.26687	0.00761	0.02658	0.00036	0.00094	0.00001	0.00001
46	0.04981	0.31668	0.00992	0.03651	0.00054	0.00148	0.00001	0.00003
47	0.05299	0.36967	0.01267	0.04918	0.00081	0.00229	0.00002	0.00005
48	0.05520	0.42487	0.01584	0.06501	0.00118	0.00346	0.00003	0.00008
49	0.05633	0.48119	0.01939	0.08441	0.00168	0.00514	0.00005	0.00013
50	0.05633	0.53752	0.02327	0.10768	0.00235	0.00749	0.00008	0.00022
51	0.05522	0.59274	0.02738	0.13506	0.00323	0.01072	0.00013	0.00035
52	0.05310	0.64583	0.03159	0.16665	0.00434	0.01506	0.00020	0.00055
53	0.05009	0.69593	0.03576	0.20241	0.00574	0.02080	0.00031	0.00086
54	0.04638	0.74231	0.03974	0.24214	0.00744	0.02823	0.00046	0.00132
55	0.04216	0.78447	0.04335	0.28549	0.00946	0.03770	0.00066	0.00198
56	0.03765	0.82212	0.04644	0.33194	0.01183	0.04953	0.00095	0.00293
57	0.03302	0.85514	0.04889	0.38082	0.01453	0.06406	0.00133	0.00427
58	0.02847	0.88361	0.05057	0.43140	0.01753	0.08159	0.00184	0.00610
59	0.02413	0.90773	0.05143	0.48283	0.02080	0.10240	0.00249	0.00860
60	0.02010	0.92784	0.05143	0.53426	0.02427	0.12667	0.00332	0.01192
61	0.01648	0.94432	0.05059	0.58485	0.02785	0.15452	0.00436	0.01628
62	0.01329	0.95761	0.04896	0.63381	0.03145	0.18597	0.00563	0.02191

T7

k	$\lambda = 50$ $P_\lambda(\{k\})$	$P_\lambda(\{0;\ldots;k\})$	$\lambda = 60$ $P_\lambda(\{k\})$	$P_\lambda(\{0;\ldots;k\})$	$\lambda = 70$ $P_\lambda(\{k\})$	$P_\lambda(\{0;\ldots;k\})$	$\lambda = 80$ $P_\lambda(\{k\})$	$P_\lambda(\{0;\ldots;k\})$
63	0.01055	0.96816	0.04663	0.68043	0.03494	0.22091	0.00714	0.02905
64	0.00824	0.97640	0.04371	0.72414	0.03822	0.25912	0.00893	0.03798
65	0.00634	0.98274	0.04035	0.76449	0.04116	0.30028	0.01099	0.04897
66	0.00480	0.98754	0.03668	0.80117	0.04365	0.34393	0.01332	0.06229
67	0.00358	0.99112	0.03285	0.83402	0.04560	0.38953	0.01590	0.07819
68	0.00263	0.99376	0.02898	0.86301	0.04695	0.43648	0.01871	0.09690
69	0.00191	0.99567	0.02520	0.88821	0.04763	0.48410	0.02169	0.11860
70	0.00136	0.99703	0.02160	0.90981	0.04763	0.53173	0.02479	0.14339
71	0.00096	0.99799	0.01826	0.92807	0.04696	0.57869	0.02794	0.17133
72	0.00067	0.99866	0.01521	0.94328	0.04565	0.62434	0.03104	0.20237
73	0.00046	0.99911	0.01250	0.95579	0.04377	0.66811	0.03402	0.23638
74	0.00031	0.99942	0.01014	0.96593	0.04141	0.70952	0.03677	0.27316
75	0.00021	0.99963	0.00811	0.97404	0.03865	0.74817	0.03923	0.31238
76	0.00014	0.99976	0.00640	0.98044	0.03560	0.78377	0.04129	0.35368
77	0.00009	0.99985	0.00499	0.98543	0.03236	0.81613	0.04290	0.39657
78	0.00006	0.99991	0.00384	0.98927	0.02904	0.84517	0.04400	0.44057
79	0.00004	0.99994	0.00292	0.99218	0.02573	0.87090	0.04456	0.48513
80	0.00002	0.99997	0.00219	0.99437	0.02252	0.89342	0.04456	0.52969
81	0.00001	0.99998	0.00162	0.99599	0.01946	0.91288	0.04401	0.57369
82	0.00001	0.99999	0.00118	0.99717	0.01661	0.92949	0.04293	0.61663
83	0.00001	0.99999	0.00086	0.99803	0.01401	0.94350	0.04138	0.65801
84	0.00000	1.00000	0.00061	0.99864	0.01167	0.95517	0.03941	0.69742
85	0.00000	1.00000	0.00043	0.99907	0.00961	0.96479	0.03709	0.73451
86	0.00000	1.00000	0.00030	0.99937	0.00783	0.97261	0.03450	0.76902
87	0.00000	1.00000	0.00021	0.99958	0.00630	0.97891	0.03173	0.80075
88	0.00000	1.00000	0.00014	0.99972	0.00501	0.98392	0.02884	0.82959
89	0.00000	1.00000	0.00010	0.99982	0.00394	0.98786	0.02593	0.85552
90	0.00000	1.00000	0.00006	0.99988	0.00306	0.99092	0.02305	0.87856
91	0.00000	1.00000	0.00004	0.99993	0.00236	0.99328	0.02026	0.89882
92	0.00000	1.00000	0.00003	0.99995	0.00179	0.99507	0.01762	0.91644
93	0.00000	1.00000	0.00002	0.99997	0.00135	0.99642	0.01516	0.93160
94	0.00000	1.00000	0.00001	0.99998	0.00101	0.99742	0.01290	0.94450
95	0.00000	1.00000	0.00001	0.99999	0.00074	0.99816	0.01086	0.95536
96	0.00000	1.00000	0.00000	0.99999	0.00054	0.99870	0.00905	0.96441
97	0.00000	1.00000	0.00000	1.00000	0.00039	0.99909	0.00746	0.97187
98	0.00000	1.00000	0.00000	1.00000	0.00028	0.99937	0.00609	0.97797
99	0.00000	1.00000	0.00000	1.00000	0.00020	0.99957	0.00492	0.98289
100	0.00000	1.00000	0.00000	1.00000	0.00014	0.99971	0.00394	0.98683
101	0.00000	1.00000	0.00000	1.00000	0.00010	0.99980	0.00312	0.98995
102	0.00000	1.00000	0.00000	1.00000	0.00007	0.99987	0.00245	0.99240
103	0.00000	1.00000	0.00000	1.00000	0.00004	0.99991	0.00190	0.99430
104	0.00000	1.00000	0.00000	1.00000	0.00003	0.99994	0.00146	0.99576
105	0.00000	1.00000	0.00000	1.00000	0.00002	0.99996	0.00111	0.99688
106	0.00000	1.00000	0.00000	1.00000	0.00001	0.99998	0.00084	0.99772
107	0.00000	1.00000	0.00000	1.00000	0.00001	0.99998	0.00063	0.99835
108	0.00000	1.00000	0.00000	1.00000	0.00001	0.99999	0.00047	0.99881
109	0.00000	1.00000	0.00000	1.00000	0.00000	0.99999	0.00034	0.99915
110	0.00000	1.00000	0.00000	1.00000	0.00000	1.00000	0.00025	0.99940
111	0.00000	1.00000	0.00000	1.00000	0.00000	1.00000	0.00018	0.99958
112	0.00000	1.00000	0.00000	1.00000	0.00000	1.00000	0.00013	0.99971
113	0.00000	1.00000	0.00000	1.00000	0.00000	1.00000	0.00009	0.99980
114	0.00000	1.00000	0.00000	1.00000	0.00000	1.00000	0.00006	0.99986
115	0.00000	1.00000	0.00000	1.00000	0.00000	1.00000	0.00004	0.99991
116	0.00000	1.00000	0.00000	1.00000	0.00000	1.00000	0.00003	0.99994
117	0.00000	1.00000	0.00000	1.00000	0.00000	1.00000	0.00002	0.99996
118	0.00000	1.00000	0.00000	1.00000	0.00000	1.00000	0.00001	0.99997
119	0.00000	1.00000	0.00000	1.00000	0.00000	1.00000	0.00001	0.99998
120	0.00000	1.00000	0.00000	1.00000	0.00000	1.00000	0.00001	0.99999
121	0.00000	1.00000	0.00000	1.00000	0.00000	1.00000	0.00000	0.99999
122	0.00000	1.00000	0.00000	1.00000	0.00000	1.00000	0.00000	1.00000

T7

Register

REG